Vittorio Di Vito

Regolazione della frequenza e della potenza di scambio in un sistema elettrico con interconnessioni di rete

Ingegneria Elettrica

Vittorio Di Vito
Regolazione della frequenza e della potenza di scambio in un sistema elettrico con interconnessioni di rete

ISBN: 978-1-4303-2536-9

Per contattare l'autore: vittorio.di.vito@inwind.it

Editore: Lulu Inc., USA (www.lulu.com)

Dello stesso Autore:

Libri

Vittorio Di Vito, *Elementi di analisi ed ottimizzazione dei sistemi elettrici dissimmetrici*

Vittorio Di Vito, *Il calcolo della vita utile dei componenti elettrici*

Enrico Di Vito e Vittorio Di Vito, *La valutazione dell'inquinamento armonico e del relativo danno economico nei sistemi elettrici*

Vittorio Di Vito, *Esercitazioni di Misure Elettriche*

Monografie

Vittorio Di Vito, *Progetto dell'impianto elettrico in uno studio dentistico*

Vittorio Di Vito, *Progetto preliminare del sistema elettrico per una stazione di pompaggio*

Vittorio Di Vito, *Preliminary review on optimization methods*

Regolazione della frequenza e della potenza di scambio in un sistema elettrico con interconnessioni di rete

Vittorio Di Vito

Ricercatore, ha svolto significativa attività di ricerca nell'ambito dell'analisi ed ottimizzazione dei sistemi elettrici di potenza e nell'ambito dell'analisi di affidabilità dei componenti elettrici industriali.

Dopo la maturità classica, ha conseguito la laurea *cum laude* in Ingegneria Elettrica presso l'Università di Cassino, con specializzazione nell'indirizzo Energia. Successivamente ha conseguito il Dottorato di Ricerca in Ingegneria Elettrica e dell'Informazione presso il Dipartimento di Ingegneria Industriale della medesima Università.

La sua attività di ricerca nel campo dell'Ingegneria Elettrica spazia dai sistemi elettrici di potenza ai sistemi elettrici industriali ed ha portato al completamento di numerosi lavori scientifici, pubblicati su riviste a diffusione internazionale oppure presentati nell'ambito di congressi internazionali.

Alla ricerca ha affiancato anche l'attività di docente. E'stato, infatti, professore di Elettrotecnica, Elettromeccanica, Macchine Elettriche e Pratiche Elettriche e Misure presso la Scuola Nautica della Guardia di Finanza di Gaeta nonché è stato docente di Sistemi e Automazione presso l'Istituto Tecnico Industriale "E. Majorana" di Cassino.

Vittorio Di Vito è autore di quattro libri (*Elementi di analisi ed ottimizzazione dei sistemi elettrici dissimmetrici, Il calcolo della vita utile dei componenti elettrici*, *La valutazione dell'inquinamento armonico e del relativo danno economico nei sistemi elettrici* e *Esercitazioni di Misure Elettriche)* e quattro monografie (*Progetto dell'impianto elettrico in uno studio dentistico, Regolazione della frequenza e della potenza di scambio in un sistema elettrico con interconnessioni di rete, Progetto preliminare del sistema elettrico per una stazione di pompaggio, Preliminary review on optimization methods*).

PREMESSA

La presente monografia illustra lo sviluppo di un modello matematico di simulazione finalizzato all'analisi del comportamento di un sistema elettrico costituito da due reti di potenza interconnesse. Tale analisi viene condotta con particolare riferimento agli aspetti legati alla regolazione della frequenza e della potenza di scambio.

Il volume, pertanto, costituisce un ausilio agli studenti di Ingegneria che affrontano argomenti inerenti la regolazione della frequenza su reti elettriche di potenza e la gestione dell'interconnessione tra tali reti. In maniera più mirata, la presente monografia è di sicuro interesse per gli studenti di Ingegneria Elettrica, nell'ambito dei corsi di Automazione dei Sistemi Elettrici per l'Energia.

Nella redazione della monografia, l'Autore ha cercato di non soffermarsi eccessivamente, nei limiti del possibile, sugli aspetti di carattere squisitamente teorico, che vengono demandati ai testi specifici. Vengono privilegiati, invece, gli aspetti applicativi, relativi allo sviluppo del modello matematico, alla sua implementazione ed al suo impiego.

L'ambiente di modellistica e simulazione utilizzato è quello Matlab/Simulink[1], pertanto nel volume vengono riportati sia gli schemi Simulink sviluppati che i files Matlab necessari per la creazione e l'inizializzazione di tali schemi. Inoltre, vengono illustrati e commentati i risultati delle simulazioni effettuate.

Si ritiene opportuno insistere sul fatto che i softwares sviluppati sono riportati integralmente nella monografia, incluso lo schema Simulink, che è riportato, oltre che nella sua forma consueta di schema di sistema (file .mdl), anche sotto forma di listato (file .m, che consente la creazione automatica dello schema Simulink in forma .mdl). Inoltre, in seguito a specifica richiesta, l'Autore sarà lieto di fornire

---

[1] Matlab e Simulink sono marchi registrati della The Mathworks (www.mathworks.com)

agli utenti della presente monografia tali softwares, facilmente trasferibili per mezzo della posta elettronica.

Malgrado la cura posta nella redazione della monografia, l'Autore è ben consapevole della possibilità che essa contenga eventuali errori di stampa, pertanto sarà grato a quanti vorranno dargliene comunicazione.

Per qualsivoglia contatto, si prega di fare riferimento al seguente indirizzo e-mail: vittorio.di.vito@inwind.it.

Cassino, Marzo 2007

Vittorio Di Vito

INDICE

Questa pagina è stata lasciata intenzionalmente bianca

INDICE DELLE FIGURE

Questa pagina è stata lasciata intenzionalmente bianca

Ingegneria Elettrica

Vittorio Di Vito

Regolazione della frequenza e della potenza di scambio in un sistema elettrico con interconnessioni di rete

Appunti ed osservazioni

1

GENERALITA'

L'interconnessione tra reti diverse (ad es. reti di Paesi geograficamente vicini), realizzabile solo a condizione che le reti siano tecnologicamente simili, consente di ottenere diversi benefici.

Essi consistono nella creazione di un unico grande Sistema Elettrico, caratterizzato da un'elevatissima energia regolante permanente, quindi rigidissimo in frequenza e dotato di maggiore affidabilità rispetto al caso di più reti isolate. Ciò è dovuto al fatto che l'interconnessione rende possibile il mutuo soccorso tra le diverse aree nel caso in cui in una di esse si determini uno squilibrio tra potenza generata e potenza di carico, tale da non poter essere sopportato dalla sola rete in questione tramite le sue proprie riserve di potenza ("riserva calda" e "riserva fredda"). Quest'ultima circostanza, peraltro, comporta pure una riduzione dei costi sia di investimento che di esercizio di ciascuna rete, dato che, come appena notato, grazie all'interconnessione ciascuna di esse presenta minori necessità tanto di "riserva rotante" quanto di "riserva fredda".

Nella presente dispensa interessa esaminare in particolare il controllo di un sistema di reti interconnesse, controllo che si pone due obbiettivi:

- mantenere la frequenza (unica in tutto il Sistema Elettrico complessivo) al suo valore nominale;
- mantenere le potenze "esportate" dalle varie aree (nel caso specifico stiamo esaminando due aree interconnesse) ai loro valori standard, fissati per contratto.

Un ulteriore aspetto da esaminare, con riferimento all'interconnessione, è costituito dall'indipendenza tra le aree in presenza di variazioni di carico. Bisogna osservare, infatti, che con l'interconnessione le varie reti vanno a costituire un unico Sistema Elettrico, che pertanto è portato a reagire in maniera globale alle variazioni di carico in una qualunque delle reti componenti.

Per essere più chiari, in condizioni del tutto generali la presenza dell'interconnessione comporta che, all'atto del verificarsi di una variazione di carico elettrico in una delle reti componenti, si ha la risposta delle regolazioni primarie e secondarie di tutte le reti costituenti il Sistema complessivo.

Il fatto che si verifichi la risposta di tutte le regolazioni primarie è logico ed inevitabile, in quanto la frequenza è unica in tutta la rete risultante, quindi una variazione di carico in una qualunque area comporta un'unica variazione di frequenza in tutto il sistema complessivo e, conseguentemente, la risposta di tutti i regolatori primari, come noto sensibili alle variazioni di frequenza rispetto al valore nominale.

L'intervento delle regolazioni secondarie di aree non interessate da variazioni di carico, invece, può essere evitato se l'interconnessione è realizzata in maniera tale per cui sia verificata la condizione di autonomia di Quazza oppure quella di Darrieus. La condizione di Quazza garantisce che, a seguito di una variazione di carico in una determinata area, le regolazioni secondarie delle altre aree non intervengano né transitoriamente né a regime mentre la condizione di Darrieus stabilisce l'indipendenza solamente a regime, permettendo che le regolazioni secondarie delle aree non direttamente interessate dalla variazione di carico possano transitoriamente intervenire, fornendo così un soccorso, sia pur transitorio, all'area sede della perturbazione.

Lo schema "freqreg.mdl" di SIMULINK, di seguito descritto, ha lo scopo di consentire l'analisi dei suddetti problemi di controllo tramite la simulazione del comportamento della rete complessiva ed è stato sintetizzato in modo tale che sia verificata la condizione di Quazza.

2

IPOTESI DI MODELLISTICA

Alla base del nostro modello ci sono le seguenti ipotesi:

- tutti i generatori di tutte le reti componenti il sistema complessivo si ipotizzano tra loro elettricamente sincroni, anche durante i transitori, quindi generano tutti alla stessa frequenza, che è conseguentemente unica in tutto il Sistema Elettrico risultante;
- si effettua un'analisi rispetto alle piccole variazioni a partire da un punto di equilibrio, linearizzando il sistema attorno al punto di funzionamento stesso;
- si ritengono trascurabili le variazioni di potenza persa per attrito e ventilazione nei generatori all'atto delle variazioni (piccole, per ipotesi) del punto di funzionamento;
- si ritiene che le variazioni di carico elettrico agiscano dierttamente sul sistema di controllo, in modo tale da poter trascurare la dipendenza del carico stesso dalla frequenza di rete e la presenza del sottosistema di trasmissione.

Appunti ed osservazioni

3

MODELLO DI SIMULAZIONE

Si riporta in Fig. 1 lo schema di simulazione "freqreg.mdl", elaborato in ambiente SIMULINK, del nostro sistema di due reti (AREA A ed AREA B) tra loro interconnesse.

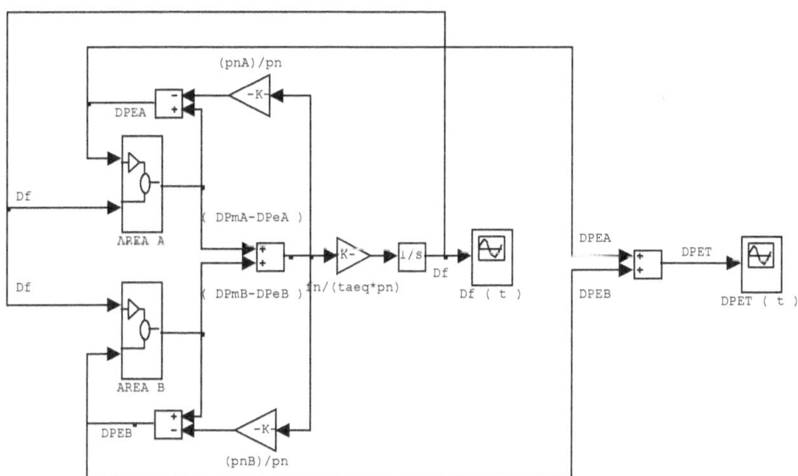

Fig. 1. Schema completo "freqreg.mdl"

Le potenze esportate dalle due aree - o meglio, le loro variazioni - sono indicate con DPEA e DPEB e vengono ricavate tramite la struttura rappresentata in Fig. 1, che ora andremo ad esaminare.

Con riferimento ad ognuna delle due aree, possiamo considerare un unico generatore fittizio equivalente a tutti i generatori presenti in quell'area e, essendo l'aliquota di potenza esportata un ulteriore carico, possiamo scrivere il seguente bilancio di potenza:

$$DPm_i = DPe_i + DPE_i + \frac{s \cdot taeq_i \cdot pn_i}{f_n} \cdot Df$$

dove:

- il simbolo *D* viene usato in luogo di Δ,
- $taeq_i$ è il tempo di avviamento equivalente del generatore fittizio che alimenta l'area *i*,
- pn_i è la potenza nominale di tale generatore, potenza da intendersi come somma delle potenze nominali dei singoli generatori presenti nell'area *i*,
- DPm_i è la variazione di potenza meccanica complessivamente espressa dall'area *i*,
- DPe_i è la variazione di potenza di carico dell'area *i*,
- DPE_i è la variazione di potenza esportata dell'area *i*.

Ne segue che la variazione di potenza di scambio espressa dalla generica area è data da:

$$DPE_i = DPm_i - DPe_i - \frac{s \cdot taeq_i \cdot pn_i}{f_n} \cdot Df = DPm_i - DPe_i - \frac{s \cdot taeq_i \cdot pn_i}{f_n} \cdot Df \cdot \frac{pn}{pn} =$$

$$= (DPm_i - DPe_i) - \quad \frac{s \cdot taeq \cdot pn}{f_n} \cdot Df \qquad \frac{pn_i}{pn}$$

dove:

- *pn* è la potenza nominale totale di tutto il sistema interconnesso,
- *taeq* è il tempo di avviamento equivalente tanto dell'AREA A che dell'AREA B che del sistema complessivo, poiché tutti i gruppi hanno all'incirca lo stesso tempo di avviamento (8 secondi).

Il nostro schema rappresenta DPEA e DPEB proprio tramite la relazione appena scritta, che appunto giustifica tale rappresentazione.

Nella Fig. 2 riportiamo lo schema esplicito dell'AREA A, essendo quello dell'AREA B del tutto simile a quest'ultimo dal punto di vista costitutivo.

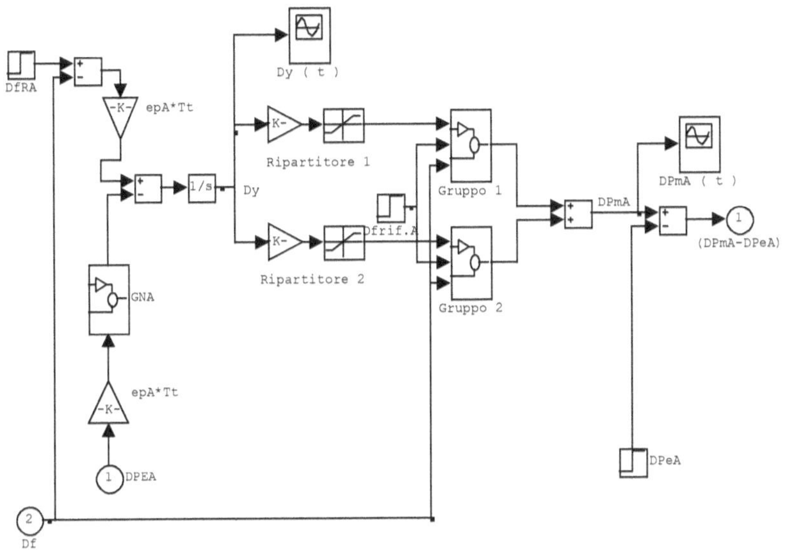

Fig. 2. AREA A

Come si vede, ognuna delle aree si immagina per semplicità costituita da due soli gruppi di generazione ma è chiaro che ciò consente di limitare la laboriosità dell'elaborazione senza tuttavia inficiare in alcun modo la generalità dei risultati cui la simulazione stessa conduce.

I blocchi Gruppo 1 e Gruppo 2 rappresentano la regolazione primaria ed il controllo di potenza dei singoli gruppi e saranno esaminati in dettaglio successivamente.

Nella Fig. 2 sono evidenziati i blocchi di ripartizione relativi alla regolazione secondaria della frequenza, blocchi che includono la saturazione per tener conto del fatto che ogni generatore mette a disposizione della regolazione secondaria una ben determinata banda di potenza, al di là della quale subentra la saturazione.

Sono rappresentati, inoltre, in maniera esplicita i coefficienti di partecipazione dei singoli gruppi alla regolazione secondaria, coefficienti notoriamente dati dal rapporto tra la banda di potenza in regolazione secondaria dell'*i-esimo* gruppo e la banda di potenza messa complessivamente a disposizione della regolazione secondaria da tutti i gruppi che ad essa partecipano.

Si sottolinea che si ritiene, come del tutto usuale, che la regolazione secondaria sia molto più lenta di quella primaria, in modo tale che essa intervenga in pratica quando quest'ultima è già a regime. Ciò viene attuato nel nostro schema imponendo una pulsazione di attraversamento (indicata con *Tt* nel file "dati.m", descritto al paragrafo successivo) per la regolazione secondaria di un ordine di grandezza inferiore rispetto a quello della pulsazione di attraversamento della regolazione primaria.

A questo punto, passiamo ad esaminare le modalità con cui abbiamo tradotto nel file di simulazione lo schema a blocchi della regolazione della frequenza e della potenza di scambio della generica area.

Come si nota dalla Fig. 2, rispetto allo schema teorico ci sono delle differenze, che ora andremo ad evidenziare. Per problemi legati all'elaborazione al calcolatore, non è stato possibile schematizzare le potenze esportate anche come carichi e si è fatto ricorso alla rappresentazione precedentemente detta, del tutto equivalente ai fini della simulazione.

La scelta delle funzioni di trasferimento $G_{R_i}(s)$ e $G_{P_i}(s)$ del regolatore secondario ("regolatore di rete") e del regolatore di scambio è stata effettuata in modo tale che venisse rispettata la condizione di autonomia completa di Quazza:

$$G_{P_i}(s) = G_{R_i}(s) \cdot G_{N_i}(s)$$

con:

$$G_{R_i}(s) = \frac{ep_i \cdot Tt}{s}$$

ove;

- ep_i è l'energia regolante permanente dell'i-esima area,

- *Tt* è la pulsazione di attraversamento del ciclo di regolazione secondaria,
- $G_{N_i}(s)$ è la funzione di trasferimento relativa al ciclo di regolazione primaria dell'i-esima area.

Quest'ultima funzione di trasferimento è data da:

$$G_{N_i}(s) = \frac{1}{\frac{s \cdot taeq \cdot pn_i}{f_n} + \sum_j G_{F_j}'(s)}$$

Tale espressione si può riscrivere come:

$$G_{N_i}(s) = \frac{1}{\frac{s \cdot taeq \cdot pn_i}{f_n}} \cdot \frac{1}{1 + \frac{f_n}{s \cdot taeq \cdot pn_i} \cdot \sum_j G_{F_j}'(s)}$$

pertanto è chiaro che la $G_{N_i}(s)$ può essere realizzata come indicato in Fig. 3 con riferimento alla GNA (stesso discorso vale per GNB). Ciò giustifica appunto l'utilizzo di tale rappresentazione nel nostro schema SIMULINK.

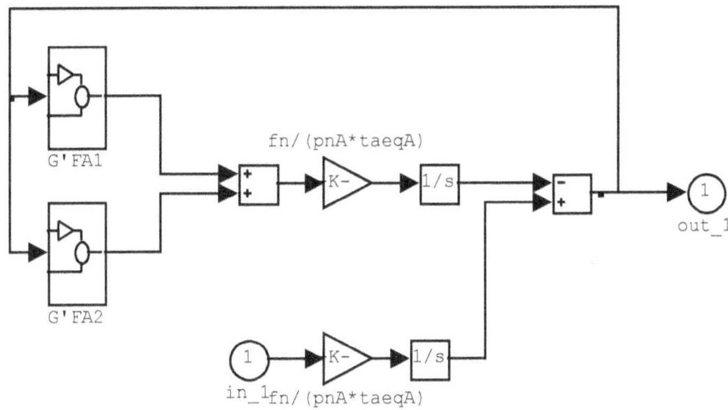

Fig. 3. GNA

La $G'_{F_j}(s)$ è la funzione di trasferimento tra variazione di potenza meccanica espressa nell'ambito della regolazione primaria e variazione di frequenza per il j-esimo gruppo appartenente all'area in oggetto.

In Fig. 4 si riporta, a titolo esemplificativo, la rappresentazione esplicita di G'FA1, riferita alla variazione di potenza in regolazione primaria del Gruppo 1 dell'AREA A.

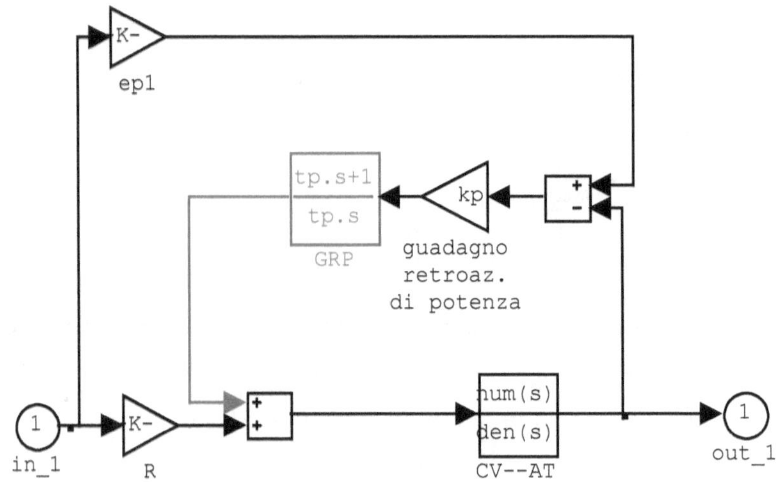

Fig. 4. G'FA1

Tornando alla Fig. 2, passiamo all'analisi del blocco Gruppo 1, esplicitandolo in Fig. 5.

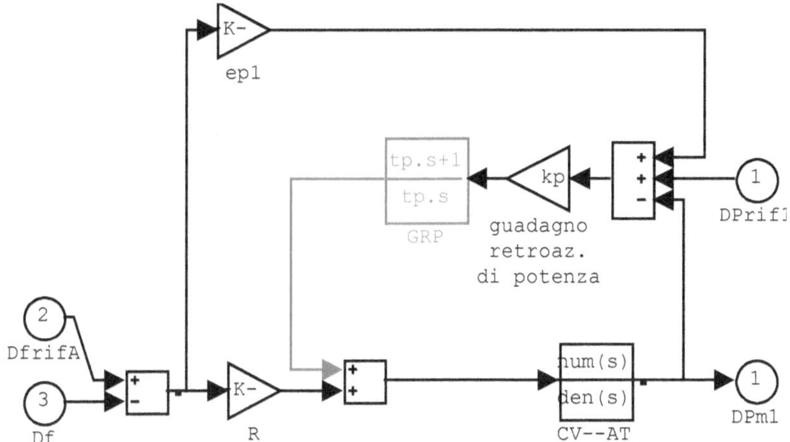

Fig. 5. Gruppo 1

Questo schema è relativo ad un gruppo di generazione di tipo termoelettrico e sono evidenti in tale rappresentazione la regolazione primaria di frequenza, il controllo di potenza ed il "frequency bias", le cui funzioni sono ben note dai testi specifici (si veda la Bibliografia).

Appunti ed osservazioni

4

FILE DATI

L'ambiente di simulazione è costituito dallo schema Simulink "frequreg.mdl", descritto in precedenza e relativo all'implementazione del modello matematico sviluppato al paragrafo precedente, e da un opportuno file di dati, la cui descrizione è oggetto del presente paragrafo.

Allo scopo di consentire al lettore l'immediata implementazione dello schema Simulink sopra descritto, nell'Appendice viene riportato il listato del file .m che consente di generarlo. A tale scopo, è sufficiente creare tale file e farne il run, ottenendo l'immediata generazione dello schema Simulink. Si noti che basta fare il run del file, ignorando le indicazioni fornite nel commento iniziale del file, indicazioni che sono destinate ad utenti esperti.

Si riporta di seguito il listato del file "dati.m", contenente i valori numerici relativi alle grandezze cui ci si riferisce nello schema di simulazione.

Come si vede, alcuni dati vengono assegnati ed altri vengono calcolati in base a questi ultimi.

E' di particolare importanza il fatto che le pulsazioni di attraversamento delle regolazioni primarie vengono assegnate con ordine di grandezza dei decimi di secondo mentre la pulsazione di taglio della regolazione secondaria è assegnata con ordine di grandezza dei centesimi di secondo. In tal modo, come noto, separiamo nettamente l'intervento della regolazione primaria da quello della regolazione secondaria, che interverrà in pratica quando la primaria sarà già giunta a regime. Notiamo, inoltre, come per tutti i gruppi si è assegnato lo stesso tempo di avviamento, pari a 8 secondi. E'superfluo ricordare che i dati possono essere impostati a piacimento di volta in volta tramite la semplice modifica del file "dati.m".

```
fn=50
pn1=100
pn2=100
pn3=200
pn4=150
t1=20
t2=4
tp=8
kp=0.5
Tt1=0.4
Tt2=0.5
Tt3=0.4
Tt4=0.5
ta1=8
ta2=8
ta3=8
ta4=8
% valori calcolati
pnA=pn1+pn2
pnB=pn3+pn4
pn=pnA+pnB
taeqA=(ta1*pn1+ta2*pn2)/(pn1+pn2)
taeqB=(ta3*pn3+ta4*pn4)/(pn3+pn4)
taeq=(ta1*pn1+ta2*pn2+ta3*pn3+ta4*pn4)/(pn1+pn2+pn3+pn4)
bt1=1/(Tt1*ta1)
et1=pn1/(bt1*fn)
ep1=et1*t1/t2
bt2=1/(Tt2*ta2)
et2=pn2/(bt2*fn)
ep2=et2*t1/t2
bt3=1/(Tt3*ta3)
et3=pn3/(bt3*fn)
ep3=et3*t1/t2
bt4=1/(Tt4*ta4)
et4=pn4/(bt4*fn)
ep4=et4*t1/t2
% con Tt si indica la pulsazione di attraversamento della
% regolazione secondaria. Essa viene assegnata
Tt=0.02
epA=ep1+ep2
epB=ep3+ep4
ep=epA+epB
k0A=Tt*epA
k0B=Tt*epB
```

5
RISULTATI

Nelle Figg. 6,..., 11 riportiamo i risultati di una simulazione effettuata utilizzando i dati contenuti nel file "dati.m", descritto nel paragrafo precedente, supponendo che si verifichi una variazione di carico DPeA=5 MW nell'AREA A mentre nell'AREA B non si verifichi alcuna variazione di carico (DPeB=0 MW).

Ricordiamo che i riferimenti per le variazioni di frequenza e per le variazioni di potenza esportata sono stati posti tutti pari a zero. Il tempo di simulazione è stato posto pari a 400 secondi ed il metodo di integrazione numerica di equazioni differenziali da noi adottato è il Runge-Kutta 5, valido per un'ampia gamma di funzioni.

Nelle Figg. 7 e 8 sono riportati rispettivamente gli andamenti delle variazioni della potenza meccanica espressa dall'AREA A (DPmA (t)) e dall'AREA B (DPmB (t)).

Come si nota, l'autonomia a regime è perfettamente rispettata, in quanto la sola area che manifesta una variazione di potenza a regime è quella A (DPmA=5 MW a regime), che è appunto la sola in cui abbiamo imposto una variazione di carico (DPeA=5 MW, appunto).

Dobbiamo, però, verificare che l'autonomia tra le aree sia presente anche in transitorio, perché la condizione di Quazza richiede anche questo.

Nelle Figg. 9 e 10 andiamo allora a diagrammare rispettivamente i segnali di riferimento DyA (t) e DyB (t) per le regolazioni secondarie delle due aree e vediamo come per l'AREA B tale segnale sia nullo anche durante il transitorio, il che evidenzia l'autonomia tra le due aree anche durante il transitorio.

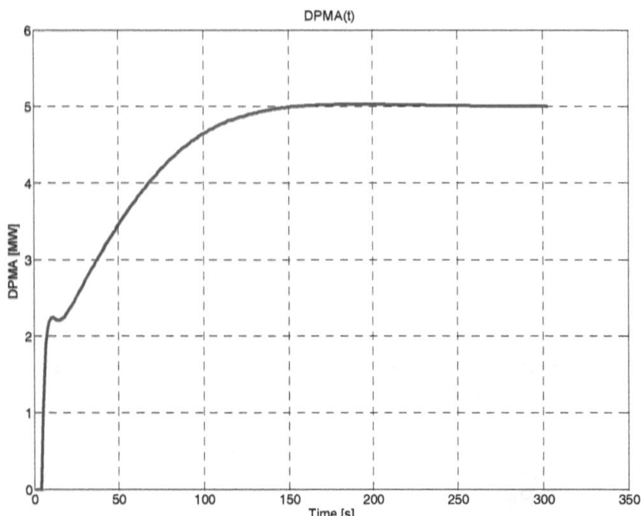

Fig. 6. DPmA (t)

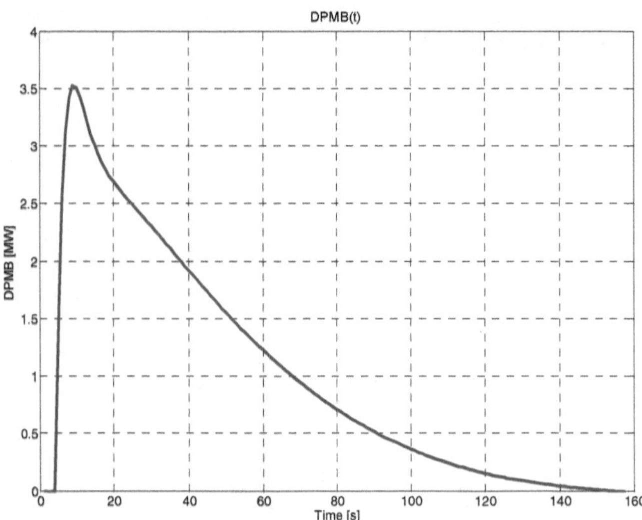

Fig. 7. DPmB (t)

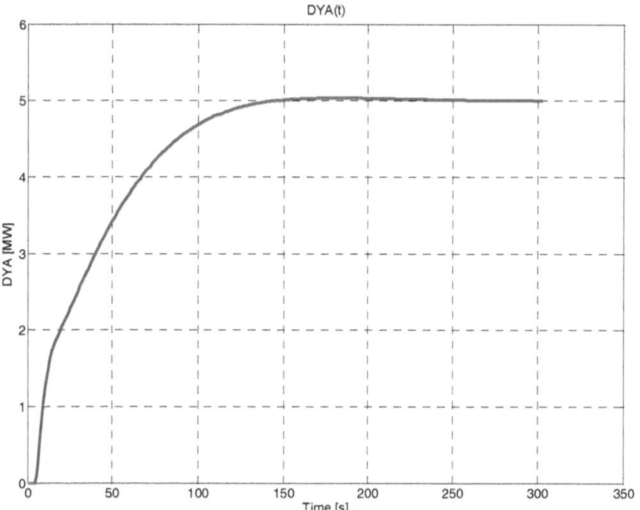

Fig. 8. DyA (t)

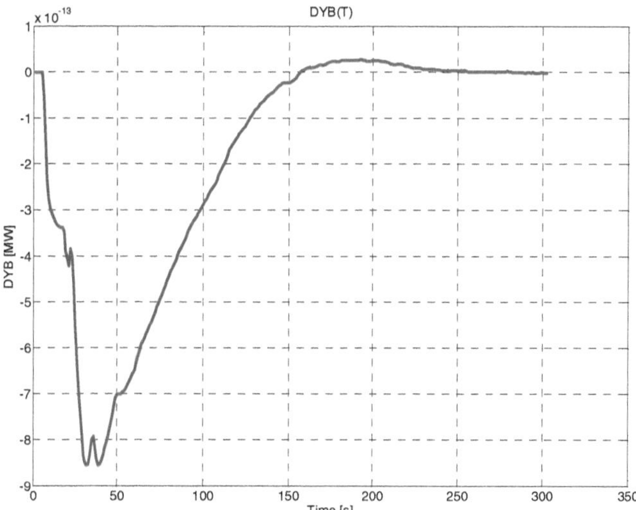

Fig. 9. DyB (t)

In conclusione, essendo le due aree autonome sia a regime che in transitorio, la condizione di Quazza risulta rispettata.

Notiamo, inoltre, che in Fig. 8 la DPmB (t) non è identicamente nulla nel transitorio e, per quanto appena detto a proposito della regolazione secondaria dell'AREA B, è chiaro che ciò è dovuto all'intervento "di soccorso" della regolazione primaria di tale area.

Nelle Figg. 11 e 12 sono indicati gli andamenti rispettivamente della variazione di potenza esportata totale per il sistema complessivo e della variazione di frequenza.

Come previsto, la potenza esportata totale del sistema interconnesso, potenza ricavata come somma delle potenza esportate dalle singole aree, è identicamente nulla e l'errore di frequenza a regime è nullo.

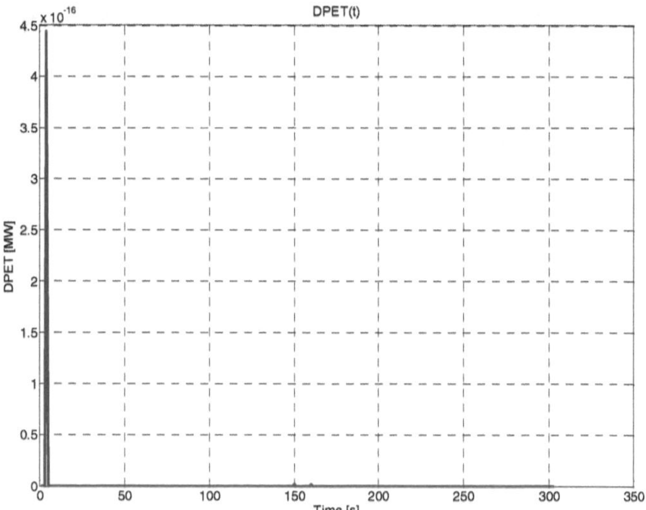

Fig. 10. DPET (t)

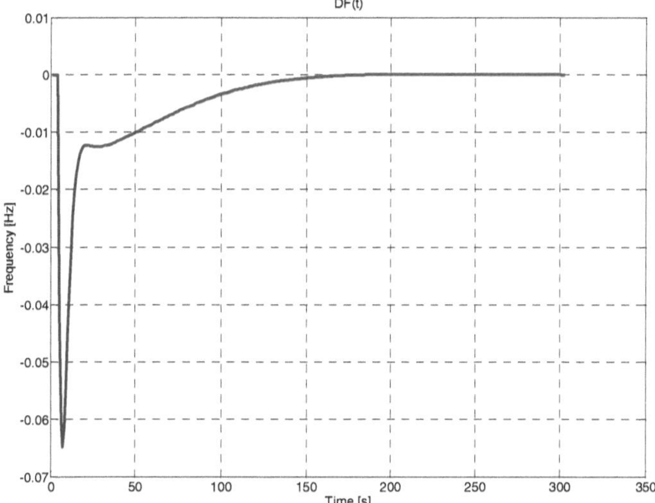
DF(t)
0.01
0
-0.01
-0.02
-0.03
-0.04
-0.05
-0.06
-0.07
Frequency [Hz]
0
50
100
150
200
250
300
350
Time [s]

Fig. 11. Df (t)

Appunti ed osservazioni

APPENDICE

FILE DEL MODELLO DI SIMULAZIONE

Allo scopo di consentire al lettore l'immediata implementazione dello schema Simulink sopra descritto, nell'Appendice viene riportato il listato del file .m che consente di generarlo. A tale scopo, è sufficiente creare tale file e farne il run, ottenendo l'immediata generazione dello schema Simulink. Si noti che basta fare il run del file, ignorando le indicazioni fornite nel commento iniziale del file, indicazioni che sono destinate ad utenti esperti.

```
function [ret,x0,str,ts,xts]=quazza(t,x,u,flag);
%QUAZZA is the M-file description of the SIMULINK system named
QUAZZA.
%   The block-diagram can be displayed by typing: QUAZZA.
%
%   SYS=QUAZZA(T,X,U,FLAG) returns depending on FLAG certain
%   system values given time point, T, current state vector, X,
%   and input vector, U.
%   FLAG is used to indicate the type of output to be returned in SYS.
%
%   Setting FLAG=1 causes QUAZZA to return state derivatives, FLAG=2
%   discrete states, FLAG=3 system outputs and FLAG=4 next sample
%   time. For more information and other options see SFUNC.
%
%   Calling QUAZZA with a FLAG of zero:
%   [SIZES]=QUAZZA([],[],[],0),  returns a vector, SIZES, which
%   contains the sizes of the state vector and other parameters.
%      SIZES(1) number of states
%      SIZES(2) number of discrete states
%      SIZES(3) number of outputs
%      SIZES(4) number of inputs
%      SIZES(5) number of roots (currently unsupported)
%      SIZES(6) direct feedthrough flag
%      SIZES(7) number of sample times
%
%   For the definition of other parameters in SIZES, see SFUNC.
%    See also, TRIM, LINMOD, LINSIM, EULER, RK23, RK45, ADAMS,
GEAR.

% Note: This M-file is only used for saving graphical information;
%      after the model is loaded into memory an internal model
%      representation is used.
```

```
% the system will take on the name of this mfile:
sys = mfilename;
new_system(sys)
simver(1.3)
if (0 == (nargin + nargout))
    set_param(sys,'Location',[4,42,628,440])
    open_system(sys)
end;
set_param(sys,'algorithm',     'RK-45')
set_param(sys,'Start time',    '0.0')
set_param(sys,'Stop time',     '300')
set_param(sys,'Min step size', '0.001')
set_param(sys,'Max step size', '1')
set_param(sys,'Relative error','1e-3')
set_param(sys,'Return vars',   '')

add_block('built-in/Step Fcn',[sys,'/',['DPe1',13,'']])
set_param([sys,'/',['DPe1',13,'']],...
        'After','5',...
        'position',[65,234,85,256])

add_block('built-in/Step Fcn',[sys,'/','DFR1'])
set_param([sys,'/','DFR1'],...
        'After','0',...
        'position',[65,159,85,181])


%    Subsystem  'AREA1'.

new_system([sys,'/','AREA1'])
set_param([sys,'/','AREA1'],'Location',[4,42,628,440])

add_block('built-in/Sum',[sys,'/','AREA1/Sum3'])
set_param([sys,'/','AREA1/Sum3'],...
        'inputs','-+',...
        'position',[165,175,185,195])

add_block('built-in/Gain',[sys,'/','AREA1/Gain3'])
set_param([sys,'/','AREA1/Gain3'],...
        'Gain','ept1*WT',...
        'position',[240,172,265,198])

add_block('built-in/Sum',[sys,'/','AREA1/Sum'])
set_param([sys,'/','AREA1/Sum'],...
        'inputs','+-',...
        'position',[290,205,310,225])

add_block('built-in/Integrator',[sys,'/','AREA1/Integrator1'])
set_param([sys,'/','AREA1/Integrator1'],...
        'Mask Display','',...
        'position',[330,205,350,225])

add_block('built-in/Saturation',[sys,'/','AREA1/Saturation3'])
set_param([sys,'/','AREA1/Saturation3'],...
        'Lower Limit','-8',...
        'Upper Limit','8',...
        'position',[440,268,470,292])

add_block('built-in/Saturation',[sys,'/','AREA1/Saturation2'])
set_param([sys,'/','AREA1/Saturation2'],...
        'Lower Limit','-2',...
        'Upper Limit','2',...
        'position',[440,203,470,227])
```

```
%     Subsystem ['AREA1/Regolazione ',13,'primaria',13,''].

new_system([sys,'/',['AREA1/Regolazione ',13,'primaria',13,'']])
set_param([sys,'/',['AREA1/Regolazione
',13,'primaria',13,'']],'Location',[4,42,628,440])

add_block('built-in/Inport',[sys,'/',['AREA1/Regolazione
',13,'primaria',13,'/Df']])
set_param([sys,'/',['AREA1/Regolazione ',13,'primaria',13,'/Df']],...
       'Port','2',...
       'position',[130,285,150,305])

add_block('built-in/Inport',[sys,'/',['AREA1/Regolazione
',13,'primaria',13,'/DFrif1']])
set_param([sys,'/',['AREA1/Regolazione ',13,'primaria',13,'/DFrif1']],...
       'position',[130,240,150,260])

add_block('built-in/Inport',[sys,'/',['AREA1/Regolazione
',13,'primaria',13,'/DPrif1']])
set_param([sys,'/',['AREA1/Regolazione ',13,'primaria',13,'/DPrif1']],...
       'orientation',2,...
       'Port','3',...
       'position',[470,145,490,165])

add_block('built-in/Gain',[sys,'/',['AREA1/Regolazione
',13,'primaria',13,'/Gain2']])
set_param([sys,'/',['AREA1/Regolazione ',13,'primaria',13,'/Gain2']],...
       'Gain','ep2',...
       'position',[215,262,240,288])

add_block('built-in/Sum',[sys,'/',['AREA1/Regolazione
',13,'primaria',13,'/Sum']])
set_param([sys,'/',['AREA1/Regolazione ',13,'primaria',13,'/Sum']],...
       'inputs','+-',...
       'position',[170,265,190,285])

add_block('built-in/Gain',[sys,'/',['AREA1/Regolazione
',13,'primaria',13,'/Gain3']])
set_param([sys,'/',['AREA1/Regolazione ',13,'primaria',13,'/Gain3']],...
       'Gain','ep2',...
       'position',[350,67,375,93])

add_block('built-in/Sum',[sys,'/',['AREA1/Regolazione
',13,'primaria',13,'/Sum3']])
set_param([sys,'/',['AREA1/Regolazione ',13,'primaria',13,'/Sum3']],...
       'orientation',2,...
       'inputs','++-',...
       'position',[420,137,440,173])

add_block('built-in/Zero-Pole',[sys,'/',['AREA1/Regolazione
',13,'primaria',13,'/GRP1(s)']])
set_param([sys,'/',['AREA1/Regolazione ',13,'primaria',13,'/GRP1(s)']],...
       'orientation',2,...
       'Zeros','[-1/Tp]',...
       'Poles','[0]',...
       'Gain','[kp]',...
       'position',[310,136,380,174])

add_block('built-in/Zero-Pole',[sys,'/',['AREA1/Regolazione
',13,'primaria',13,'/GF1(s)']])
set_param([sys,'/',['AREA1/Regolazione ',13,'primaria',13,'/GF1(s)']],...
```

```
        'Zeros','[-1/T2]',...
        'Poles','[-1/T1]',...
        'Gain','[T2/T1]',...
        'position',[320,253,400,287])

 add_block('built-in/Sum',[sys,'/',['AREA1/Regolazione
',13,'primaria',13,'/Sum2']])
 set_param([sys,'/',['AREA1/Regolazione ',13,'primaria',13,'/Sum2']],...
        'position',[260,260,280,280])

 add_block('built-in/Outport',[sys,'/',['AREA1/Regolazione
',13,'primaria',13,'/DPm1']])
 set_param([sys,'/',['AREA1/Regolazione ',13,'primaria',13,'/DPm1']],...
        'position',[530,260,550,280])
 add_line([sys,'/',['AREA1/Regolazione
',13,'primaria',13,'']],[380,80;465,80;465,145;445,145])
 add_line([sys,'/',['AREA1/Regolazione
',13,'primaria',13,'']],[195,275;195,80;345,80])
 add_line([sys,'/',['AREA1/Regolazione
',13,'primaria',13,'']],[305,155;235,155;235,265;255,265])
 add_line([sys,'/',['AREA1/Regolazione
',13,'primaria',13,'']],[415,155;385,155])
 add_line([sys,'/',['AREA1/Regolazione
',13,'primaria',13,'']],[245,275;255,275])
 add_line([sys,'/',['AREA1/Regolazione
',13,'primaria',13,'']],[285,270;315,270])
 add_line([sys,'/',['AREA1/Regolazione
',13,'primaria',13,'']],[195,275;210,275])
 add_line([sys,'/',['AREA1/Regolazione
',13,'primaria',13,'']],[465,155;445,155])
 add_line([sys,'/',['AREA1/Regolazione
',13,'primaria',13,'']],[155,250;165,270])
 add_line([sys,'/',['AREA1/Regolazione
',13,'primaria',13,'']],[155,295;165,280])
 add_line([sys,'/',['AREA1/Regolazione
',13,'primaria',13,'']],[405,270;525,270])
 add_line([sys,'/',['AREA1/Regolazione
',13,'primaria',13,'']],[405,270;465,270;465,165;445,165])


 %                 Finished     composite     block     ['AREA1/Regolazione
',13,'primaria',13,''].

 set_param([sys,'/',['AREA1/Regolazione ',13,'primaria',13,'']],...
        'position',[335,384,365,436])

 add_block('built-in/Gain',[sys,'/','AREA1/Gain2'])
 set_param([sys,'/','AREA1/Gain2'],...
        'Gain','0.2',...
        'position',[380,202,405,228])

 add_block('built-in/Sum',[sys,'/','AREA1/Sum2'])
 set_param([sys,'/','AREA1/Sum2'],...
        'position',[395,360,415,380])


 %     Subsystem  ['AREA1/Regolazione ',13,'primaria'].

 new_system([sys,'/',['AREA1/Regolazione ',13,'primaria']])
 set_param([sys,'/',['AREA1/Regolazione
',13,'primaria']],'Location',[0,38,624,436])
```

```
 add_block('built-in/Outport',[sys,'/',['AREA1/Regolazione
',13,'primaria/DPm']])
 set_param([sys,'/',['AREA1/Regolazione ',13,'primaria/DPm']],...
        'position',[485,255,505,275])

 add_block('built-in/Inport',[sys,'/',['AREA1/Regolazione
',13,'primaria/Df']])
 set_param([sys,'/',['AREA1/Regolazione ',13,'primaria/Df']],...
        'Port','2',...
        'position',[105,280,125,300])

 add_block('built-in/Inport',[sys,'/',['AREA1/Regolazione
',13,'primaria/DFrif']])
 set_param([sys,'/',['AREA1/Regolazione ',13,'primaria/DFrif']],...
        'position',[105,235,125,255])

 add_block('built-in/Inport',[sys,'/',['AREA1/Regolazione
',13,'primaria/DPrif']])
 set_param([sys,'/',['AREA1/Regolazione ',13,'primaria/DPrif']],...
        'orientation',2,...
        'Port','3',...
        'position',[445,140,465,160])

 add_block('built-in/Gain',[sys,'/',['AREA1/Regolazione
',13,'primaria/Gain2']])
 set_param([sys,'/',['AREA1/Regolazione ',13,'primaria/Gain2']],...
        'Gain','ep1',...
        'position',[190,257,215,283])

 add_block('built-in/Sum',[sys,'/',['AREA1/Regolazione
',13,'primaria/Sum']])
 set_param([sys,'/',['AREA1/Regolazione ',13,'primaria/Sum']],...
        'inputs','+-',...
        'position',[145,260,165,280])

 add_block('built-in/Gain',[sys,'/',['AREA1/Regolazione
',13,'primaria/Gain3']])
 set_param([sys,'/',['AREA1/Regolazione ',13,'primaria/Gain3']],...
        'Gain','ep1',...
        'position',[325,62,350,88])

 add_block('built-in/Sum',[sys,'/',['AREA1/Regolazione
',13,'primaria/Sum3']])
 set_param([sys,'/',['AREA1/Regolazione ',13,'primaria/Sum3']],...
        'orientation',2,...
        'inputs','++-',...
        'position',[395,132,415,168])

 add_block('built-in/Zero-Pole',[sys,'/',['AREA1/Regolazione
',13,'primaria/GF(s)']])
 set_param([sys,'/',['AREA1/Regolazione ',13,'primaria/GF(s)']],...
        'Zeros','[-1/T2]',...
        'Poles','[-1/T1]',...
        'Gain','[T2/T1]',...
        'position',[300,245,375,285])

 add_block('built-in/Sum',[sys,'/',['AREA1/Regolazione
',13,'primaria/Sum2']])
 set_param([sys,'/',['AREA1/Regolazione ',13,'primaria/Sum2']],...
        'position',[235,255,255,275])

 add_block('built-in/Zero-Pole',[sys,'/',['AREA1/Regolazione
',13,'primaria/GRP(s)']])
```

```
set_param([sys,'/',['AREA1/Regolazione ',13,'primaria/GRP(s)']],...
        'orientation',2,...
        'Zeros','[-1/Tp]',...
        'Poles','[0]',...
        'Gain','[kp]',...
        'position',[290,128,355,172])
  add_line([sys,'/',['AREA1/Regolazione
',13,'primaria']],[380,265;480,265])
  add_line([sys,'/',['AREA1/Regolazione
',13,'primaria']],[355,75;440,75;440,140;420,140])
  add_line([sys,'/',['AREA1/Regolazione
',13,'primaria']],[170,270;170,75;320,75])
  add_line([sys,'/',['AREA1/Regolazione
',13,'primaria']],[285,150;210,150;210,260;230,260])
  add_line([sys,'/',['AREA1/Regolazione
',13,'primaria']],[390,150;360,150])
  add_line([sys,'/',['AREA1/Regolazione
',13,'primaria']],[220,270;230,270])
  add_line([sys,'/',['AREA1/Regolazione
',13,'primaria']],[260,265;295,265])
  add_line([sys,'/',['AREA1/Regolazione
',13,'primaria']],[170,270;185,270])
  add_line([sys,'/',['AREA1/Regolazione
',13,'primaria']],[440,150;420,150])
  add_line([sys,'/',['AREA1/Regolazione
',13,'primaria']],[130,245;140,265])
  add_line([sys,'/',['AREA1/Regolazione
',13,'primaria']],[130,290;140,275])
  add_line([sys,'/',['AREA1/Regolazione
',13,'primaria']],[380,265;440,265;440,160;420,160])


%     Finished composite block ['AREA1/Regolazione ',13,'primaria'].

set_param([sys,'/',['AREA1/Regolazione ',13,'primaria']],...
        'position',[335,309,365,361])

add_block('built-in/Gain',[sys,'/','AREA1/Gain'])
set_param([sys,'/','AREA1/Gain'],...
        'Gain','0.8',...
        'position',[385,267,410,293])

add_block('built-in/Sum',[sys,'/','AREA1/Sum1'])
set_param([sys,'/','AREA1/Sum1'],...
        'inputs','-+',...
        'position',[450,355,470,375])

add_block('built-in/Inport',[sys,'/','AREA1/DFR'])
set_param([sys,'/','AREA1/DFR'],...
        'position',[15,95,35,115])

add_block('built-in/Inport',[sys,'/','AREA1/DFrif'])
set_param([sys,'/','AREA1/DFrif'],...
        'Port','3',...
        'position',[15,165,35,185])

add_block('built-in/Inport',[sys,'/','AREA1/DF'])
set_param([sys,'/','AREA1/DF'],...
        'Port','4',...
        'position',[15,200,35,220])

add_block('built-in/Inport',[sys,'/','AREA1/DPe1'])
set_param([sys,'/','AREA1/DPe1'],...
```

```
        'Port','5',...
        'position',[15,235,35,255])

  add_block('built-in/Outport',[sys,'/','AREA1/DPM1-DPe1'])
  set_param([sys,'/','AREA1/DPM1-DPe1'],...
        'position',[510,355,530,375])

  add_block('built-in/Gain',[sys,'/','AREA1/Gain4'])
  set_param([sys,'/','AREA1/Gain4'],...
        'Gain','ept1*WT',...
        'position',[110,127,135,153])


  %     Subsystem  ['AREA1/DPM1',13,''].

  new_system([sys,'/',['AREA1/DPM1',13,'']])
  set_param([sys,'/',['AREA1/DPM1',13,'']],'Location',[0,59,274,252])

  add_block('built-in/S-Function',[sys,'/',['AREA1/DPM1',13,'/S-
function',13,'M-file which plots',13,'lines',13,'']])
  set_param([sys,'/',['AREA1/DPM1',13,'/S-function',13,'M-file          which
plots',13,'lines',13,'']],...
        'function name','sfuny',...
        'parameters','ax, color,dt',...
        'position',[130,55,180,75])

  add_block('built-in/Inport',[sys,'/',['AREA1/DPM1',13,'/x']])
  set_param([sys,'/',['AREA1/DPM1',13,'/x']],...
        'position',[65,55,85,75])
  add_line([sys,'/',['AREA1/DPM1',13,'']],[90,65;125,65])
  set_param([sys,'/',['AREA1/DPM1',13,'']],...
        'Mask
Display','plot(0,0,100,100,[90,10,10,10,90,90,10],[65,65,90,40,40,90,90],[
90,78,69,54,40,31,25,10],[77,60,48,46,56,75,81,84])',...
        'Mask Type','Graph scope.')
  set_param([sys,'/',['AREA1/DPM1',13,'']],...
        'Mask Dialogue','Graph scope using MATLAB graph window.\nEnter
plotting ranges and line type.|Time range:|y-min:|y-max:|Line type (rgbw-
:*). Seperate each plot by ''/'':')
  set_param([sys,'/',['AREA1/DPM1',13,'']],...
        'Mask Translate','color = @4; ax = [0, @1, @2, @3]; dt = -1;')
  set_param([sys,'/',['AREA1/DPM1',13,'']],...
        'Mask Help','This block plots to the MATLAB graph window and can
be used as an improved version of the Scope block. Look at the m-file
sfuny.m to see how it works. This block can take scalar or vector input
signal.')
  set_param([sys,'/',['AREA1/DPM1',13,'']],...
        'Mask Entries','500\/-1\/7\/''y-/g--/c-./w:/m*/ro/b+''\/')


  %     Finished composite block ['AREA1/DPM1',13,''].

  set_param([sys,'/',['AREA1/DPM1',13,'']],...
        'position',[460,411,490,449])


  %     Subsystem  'AREA1/GN1'.

  new_system([sys,'/','AREA1/GN1'])
  set_param([sys,'/','AREA1/GN1'],'Location',[85,42,620,427])

  add_block('built-in/Integrator',[sys,'/','AREA1/GN1/Integrator2'])
  set_param([sys,'/','AREA1/GN1/Integrator2'],...
```

```
        'position',[340,220,360,250])

add_block('built-in/Gain',[sys,'/','AREA1/GN1/Gain1'])
set_param([sys,'/','AREA1/GN1/Gain1'],...
        'Gain','fn/((pn1+pn2)*TA)',...
        'position',[290,220,320,250])

add_block('built-in/Sum',[sys,'/','AREA1/GN1/Sum3'])
set_param([sys,'/','AREA1/GN1/Sum3'],...
        'inputs','-+',...
        'position',[445,170,465,190])

add_block('built-in/Integrator',[sys,'/','AREA1/GN1/Integrator1'])
set_param([sys,'/','AREA1/GN1/Integrator1'],...
        'position',[325,162,345,188])

add_block('built-in/Gain',[sys,'/','AREA1/GN1/Gain'])
set_param([sys,'/','AREA1/GN1/Gain'],...
        'Gain','fn/((pn1+pn2)*TA)',...
        'position',[275,162,300,188])


%     Subsystem  ['AREA1/GN1/G''F11'].

new_system([sys,'/',['AREA1/GN1/G''F11']])
set_param([sys,'/',['AREA1/GN1/G''F11']],'Location',[0,38,624,436])

add_block('built-in/Sum',[sys,'/',['AREA1/GN1/G''F11/Sum3']])
set_param([sys,'/',['AREA1/GN1/G''F11/Sum3']],...
        'orientation',2,...
        'hide name',0,...
        'inputs','+-',...
        'position',[280,145,300,165])

add_block('built-in/Zero-Pole',[sys,'/',['AREA1/GN1/G''F11/GRP(s)']])
set_param([sys,'/',['AREA1/GN1/G''F11/GRP(s)']],...
        'orientation',2,...
        'Zeros','[-1/Tp]',...
        'Poles','[0]',...
        'Gain','[kp]',...
        'position',[160,131,250,179])

add_block('built-in/Sum',[sys,'/',['AREA1/GN1/G''F11/Sum2']])
set_param([sys,'/',['AREA1/GN1/G''F11/Sum2']],...
        'hide name',0,...
        'position',[130,260,150,280])

add_block('built-in/Zero-Pole',[sys,'/',['AREA1/GN1/G''F11/GF(s)']])
set_param([sys,'/',['AREA1/GN1/G''F11/GF(s)']],...
        'hide name',0,...
        'Zeros','[-1/T2]',...
        'Poles','[-1/T1]',...
        'Gain','[T2/T1]',...
        'position',[225,250,300,290])

add_block('built-in/Gain',[sys,'/',['AREA1/GN1/G''F11/Gain3']])
set_param([sys,'/',['AREA1/GN1/G''F11/Gain3']],...
        'hide name',0,...
        'Gain','ep1',...
        'position',[220,67,245,93])

add_block('built-in/Gain',[sys,'/',['AREA1/GN1/G''F11/Gain2']])
set_param([sys,'/',['AREA1/GN1/G''F11/Gain2']],...
```

```
        'hide name',0,...
        'Gain','ep1',...
        'position',[85,262,110,288])

  add_block('built-in/Outport',[sys,'/',['AREA1/GN1/G''F11/out_1']])
  set_param([sys,'/',['AREA1/GN1/G''F11/out_1']],...
        'position',[355,260,375,280])

  add_block('built-in/Inport',[sys,'/',['AREA1/GN1/G''F11/in_1']])
  set_param([sys,'/',['AREA1/GN1/G''F11/in_1']],...
        'position',[35,265,55,285])
  add_line([sys,'/',['AREA1/GN1/G''F11']],[60,275;80,275])
  add_line([sys,'/',['AREA1/GN1/G''F11']],[60,275;60,80;215,80])
  add_line([sys,'/',['AREA1/GN1/G''F11']],[305,270;325,270;325,160;305,1
60])
  add_line([sys,'/',['AREA1/GN1/G''F11']],[250,80;325,80;325,150;305,150]
)
  add_line([sys,'/',['AREA1/GN1/G''F11']],[155,270;220,270])
  add_line([sys,'/',['AREA1/GN1/G''F11']],[115,275;125,275])
  add_line([sys,'/',['AREA1/GN1/G''F11']],[275,155;255,155])
  add_line([sys,'/',['AREA1/GN1/G''F11']],[155,155;105,155;105,265;125,2
65])
  add_line([sys,'/',['AREA1/GN1/G''F11']],[305,270;350,270])


  %    Finished composite block ['AREA1/GN1/G''F11'].

  set_param([sys,'/',['AREA1/GN1/G''F11']],...
        'position',[110,115,140,165])


  %    Subsystem  ['AREA1/GN1/G''F12'].

  new_system([sys,'/',['AREA1/GN1/G''F12']])
  set_param([sys,'/',['AREA1/GN1/G''F12']],'Location',[115,42,485,447])

  add_block('built-in/Sum',[sys,'/',['AREA1/GN1/G''F12/Sum3']])
  set_param([sys,'/',['AREA1/GN1/G''F12/Sum3']],...
        'orientation',2,...
        'inputs','+-',...
        'position',[280,145,300,165])

  add_block('built-in/Zero-Pole',[sys,'/',['AREA1/GN1/G''F12/GRP(s)']])
  set_param([sys,'/',['AREA1/GN1/G''F12/GRP(s)']],...
        'orientation',2,...
        'Zeros','[-1/Tp]',...
        'Poles','[0]',...
        'Gain','[kp]',...
        'position',[160,131,250,179])

  add_block('built-in/Sum',[sys,'/',['AREA1/GN1/G''F12/Sum2']])
  set_param([sys,'/',['AREA1/GN1/G''F12/Sum2']],...
        'position',[130,260,150,280])

  add_block('built-in/Zero-Pole',[sys,'/',['AREA1/GN1/G''F12/GF(s)']])
  set_param([sys,'/',['AREA1/GN1/G''F12/GF(s)']],...
        'Zeros','[-1/T2]',...
        'Poles','[-1/T1]',...
        'Gain','[T2/T1]',...
        'position',[225,250,300,290])

  add_block('built-in/Gain',[sys,'/',['AREA1/GN1/G''F12/Gain3']])
  set_param([sys,'/',['AREA1/GN1/G''F12/Gain3']],...
```

```
        'Gain','ep2',...
        'position',[220,67,245,93])

 add_block('built-in/Gain',[sys,'/',['AREA1/GN1/G''F12/Gain2']])
 set_param([sys,'/',['AREA1/GN1/G''F12/Gain2']],...
        'Gain','ep2',...
        'position',[85,262,110,288])

 add_block('built-in/Outport',[sys,'/',['AREA1/GN1/G''F12/out_1']])
 set_param([sys,'/',['AREA1/GN1/G''F12/out_1']],...
        'position',[355,260,375,280])

 add_block('built-in/Inport',[sys,'/',['AREA1/GN1/G''F12/in_1']])
 set_param([sys,'/',['AREA1/GN1/G''F12/in_1']],...
        'position',[35,265,55,285])
 add_line([sys,'/',['AREA1/GN1/G''F12']],[60,275;80,275])
 add_line([sys,'/',['AREA1/GN1/G''F12']],[60,275;65,80;215,80])
 add_line([sys,'/',['AREA1/GN1/G''F12']],[305,270;325,270;325,160;305,1
60])
 add_line([sys,'/',['AREA1/GN1/G''F12']],[250,80;325,80;325,150;305,150]
)
 add_line([sys,'/',['AREA1/GN1/G''F12']],[155,270;220,270])
 add_line([sys,'/',['AREA1/GN1/G''F12']],[115,275;125,275])
 add_line([sys,'/',['AREA1/GN1/G''F12']],[275,155;255,155])
 add_line([sys,'/',['AREA1/GN1/G''F12']],[155,155;105,155;105,265;125,2
65])
 add_line([sys,'/',['AREA1/GN1/G''F12']],[305,270;350,270])


 %     Finished composite block ['AREA1/GN1/G''F12'].

 set_param([sys,'/',['AREA1/GN1/G''F12']],...
        'position',[110,180,140,230])

 add_block('built-in/Sum',[sys,'/','AREA1/GN1/Sum2'])
 set_param([sys,'/','AREA1/GN1/Sum2'],...
        'position',[210,165,230,185])

 add_block('built-in/Outport',[sys,'/','AREA1/GN1/out_1'])
 set_param([sys,'/','AREA1/GN1/out_1'],...
        'position',[520,170,540,190])

 add_block('built-in/Inport',[sys,'/','AREA1/GN1/in_1'])
 set_param([sys,'/','AREA1/GN1/in_1'],...
        'position',[15,335,35,355])
 add_line([sys,'/','AREA1/GN1'],[470,180;515,180])
 add_line([sys,'/','AREA1/GN1'],[500,180;500,65;60,65;60,205;105,205])
 add_line([sys,'/','AREA1/GN1'],[60,140;105,140])
 add_line([sys,'/','AREA1/GN1'],[365,235;395,235;395,185;440,185])
 add_line([sys,'/','AREA1/GN1'],[325,235;335,235])
 add_line([sys,'/','AREA1/GN1'],[350,175;440,175])
 add_line([sys,'/','AREA1/GN1'],[305,175;320,175])
 add_line([sys,'/','AREA1/GN1'],[235,175;270,175])
 add_line([sys,'/','AREA1/GN1'],[145,205;195,205;205,180])
 add_line([sys,'/','AREA1/GN1'],[145,140;195,140;205,170])
 add_line([sys,'/','AREA1/GN1'],[40,345;140,345;250,235;285,235])

 %     Finished composite block 'AREA1/GN1'.

 set_param([sys,'/','AREA1/GN1'],...
        'position',[185,115,215,165])
```

```
add_block('built-in/Inport',[sys,'/','AREA1/DPE'])
set_param([sys,'/','AREA1/DPE'],...
      'Port','2',...
      'position',[15,130,35,150])


%     Subsystem  'AREA1/DY'.

new_system([sys,'/','AREA1/DY'])
set_param([sys,'/','AREA1/DY'],'Location',[0,59,274,252])

add_block('built-in/Inport',[sys,'/','AREA1/DY/x'])
set_param([sys,'/','AREA1/DY/x'],...
      'position',[65,55,85,75])

add_block('built-in/S-Function',[sys,'/',['AREA1/DY/S-function',13,'M-file
which plots',13,'lines',13,'']])
set_param([sys,'/',['AREA1/DY/S-function',13,'M-file                   which
plots',13,'lines',13,'']],...
      'function name','sfuny',...
      'parameters','ax, color,dt',...
      'position',[130,55,180,75])
add_line([sys,'/','AREA1/DY'],[90,65;125,65])
set_param([sys,'/','AREA1/DY'],...
      'Mask
Display','plot(0,0,100,100,[90,10,10,10,90,90,10],[65,65,90,40,40,90,90],[
90,78,69,54,40,31,25,10],[77,60,48,46,56,75,81,84])',...
      'Mask Type','Graph scope.')
set_param([sys,'/','AREA1/DY'],...
      'Mask Dialogue','Graph scope using MATLAB graph window.\nEnter
plotting ranges and line type.|Time range:|y-min:|y-max:|Line type (rgbw-
:*). Seperate each plot by ''/'':')
set_param([sys,'/','AREA1/DY'],...
      'Mask Translate','color = @4; ax = [0, @1, @2, @3]; dt = -1;')
set_param([sys,'/','AREA1/DY'],...
      'Mask Help','This block plots to the MATLAB graph window and can
be used as an improved version of the Scope block. Look at the m-file
sfuny.m to see how it works. This block can take scalar or vector input
signal.')
set_param([sys,'/','AREA1/DY'],...
      'Mask Entries','500\/-1\/7\/''y-/g--/c-./w:/m*/ro/b+''\/')


%     Finished composite block 'AREA1/DY'.

set_param([sys,'/','AREA1/DY'],...
      'position',[460,116,490,154])
add_line([sys,'/','AREA1'],[40,175;120,175;120,320;330,320])
add_line([sys,'/','AREA1'],[260,320;260,395;330,395])
add_line([sys,'/','AREA1'],[270,185;270,210;285,210])
add_line([sys,'/','AREA1'],[40,210;140,210;140,335;330,335])
add_line([sys,'/','AREA1'],[140,210;140,180;160,180])
add_line([sys,'/','AREA1'],[245,335;245,410;330,410])
add_line([sys,'/','AREA1'],[355,215;375,215])
add_line([sys,'/','AREA1'],[365,215;365,280;380,280])
add_line([sys,'/','AREA1'],[315,215;325,215])
add_line([sys,'/','AREA1'],[475,280;485,280;485,305;285,305;285,425;33
0,425])
add_line([sys,'/','AREA1'],[475,215;485,215;485,255;305,255;305,350;33
0,350])
add_line([sys,'/','AREA1'],[415,280;435,280])
add_line([sys,'/','AREA1'],[410,215;435,215])
add_line([sys,'/','AREA1'],[190,185;235,185])
```

```
add_line([sys,'/','AREA1'],[370,410;375,410;375,375;390,375])
add_line([sys,'/','AREA1'],[420,370;445,370])
add_line([sys,'/','AREA1'],[370,335;375,335;375,365;390,365])
add_line([sys,'/','AREA1'],[40,105;80,105;80,190;160,190])
add_line([sys,'/','AREA1'],[40,245;420,245;420,360;445,360])
add_line([sys,'/','AREA1'],[475,365;505,365])
add_line([sys,'/','AREA1'],[40,140;105,140])
add_line([sys,'/','AREA1'],[430,370;430,430;455,430])
add_line([sys,'/','AREA1'],[140,140;180,140])
add_line([sys,'/','AREA1'],[220,140;220,220;285,220])
add_line([sys,'/','AREA1'],[365,215;365,135;455,135])


%    Finished composite block 'AREA1'.

set_param([sys,'/','AREA1'],...
        'position',[200,197,230,253])

add_block('built-in/Step Fcn',[sys,'/','DPe2'])
set_param([sys,'/','DPe2'],...
        'After','0',...
        'position',[65,409,85,431])

add_block('built-in/Step Fcn',[sys,'/','DFRIF2'])
set_param([sys,'/','DFRIF2'],...
        'After','0',...
        'position',[65,374,85,396])

add_block('built-in/Step Fcn',[sys,'/','DFR2'])
set_param([sys,'/','DFR2'],...
        'After','0',...
        'position',[65,339,85,361])

add_block('built-in/Sum',[sys,'/','Sum'])
set_param([sys,'/','Sum'],...
        'position',[280,274,305,301])

add_block('built-in/Gain',[sys,'/','Gain3'])
set_param([sys,'/','Gain3'],...
        'Gain','fn/(TA*pnt)',...
        'position',[340,275,365,305])

add_block('built-in/Sum',[sys,'/','Sum1'])
set_param([sys,'/','Sum1'],...
        'orientation',2,...
        'inputs','-+',...
        'position',[205,144,230,166])

add_block('built-in/Gain',[sys,'/','Gain4'])
set_param([sys,'/','Gain4'],...
        'orientation',2,...
        'Gain','(pn1+pn2)/pnt',...
        'position',[260,135,290,165])

add_block('built-in/Sum',[sys,'/','Sum2'])
set_param([sys,'/','Sum2'],...
        'orientation',2,...
        'inputs','+-',...
        'position',[205,414,230,436])

add_block('built-in/Gain',[sys,'/','Gain5'])
set_param([sys,'/','Gain5'],...
        'orientation',2,...
```

```
        'Gain','(pn3+pn4)/pnt',...
        'position',[265,415,295,445])

  add_block('built-in/Note',[sys,'/','DF'])
  set_param([sys,'/','DF'],...
        'position',[155,225,160,230])

  add_block('built-in/Sum',[sys,'/','Sum3'])
  set_param([sys,'/','Sum3'],...
        'position',[400,185,430,205])

  add_block('built-in/Note',[sys,'/','DPE1'])
  set_param([sys,'/','DPE1'],...
        'position',[185,130,190,135])

  add_block('built-in/Integrator',[sys,'/','Integrator2'])
  set_param([sys,'/','Integrator2'],...
        'position',[420,277,455,303])

  add_block('built-in/Step Fcn',[sys,'/','DFRIF1'])
  set_param([sys,'/','DFRIF1'],...
        'After','0',...
        'position',[65,199,85,221])

  add_block('built-in/Note',[sys,'/','DPE2'])
  set_param([sys,'/','DPE2'],...
        'position',[155,440,160,445])


  %     Subsystem  ['DPET',13,''].

  new_system([sys,'/',['DPET',13,'']])
  set_param([sys,'/',['DPET',13,'']],'Location',[0,59,274,252])

  add_block('built-in/S-Function',[sys,'/',['DPET',13,'/S-function',13,'M-file
which plots',13,'lines',13,'']])
  set_param([sys,'/',['DPET',13,'/S-function',13,'M-file                which
plots',13,'lines',13,'']],...
        'function name','sfuny',...
        'parameters','ax, color,dt',...
        'position',[130,55,180,75])

  add_block('built-in/Inport',[sys,'/',['DPET',13,'/x']])
  set_param([sys,'/',['DPET',13,'/x']],...
        'position',[65,55,85,75])
  add_line([sys,'/',['DPET',13,'']],[90,65;125,65])
  set_param([sys,'/',['DPET',13,'']],...
        'Mask
Display','plot(0,0,100,100,[90,10,10,10,90,90,10],[65,65,90,40,40,90,90],[
90,78,69,54,40,31,25,10],[77,60,48,46,56,75,81,84])',...
        'Mask Type','Graph scope.')
  set_param([sys,'/',['DPET',13,'']],...
        'Mask Dialogue','Graph scope using MATLAB graph window.\nEnter
plotting ranges and line type.|Time range:|y-min:|y-max:|Line type (rgbw-
:*). Seperate each plot by ''/'':')
  set_param([sys,'/',['DPET',13,'']],...
        'Mask Translate','color = @4; ax = [0, @1, @2, @3]; dt = -1;')
  set_param([sys,'/',['DPET',13,'']],...
        'Mask Help','This block plots to the MATLAB graph window and can
be used as an improved version of the Scope block. Look at the m-file
sfuny.m to see how it works. This block can take scalar or vector input
signal.')
  set_param([sys,'/',['DPET',13,'']],...
```

```
		'Mask Entries','500\/-1.1\/1.2\/''y-/g--/c-./w:/m*/ro/b+''\/')

  %	Finished composite block ['DPET',13,''].

  set_param([sys,'/',['DPET',13,'']],...
		'position',[525,176,555,214])


  %	Subsystem  'AREA2'.

  new_system([sys,'/','AREA2'])
  set_param([sys,'/','AREA2'],'Location',[4,42,628,440])

  add_block('built-in/Sum',[sys,'/','AREA2/Sum3'])
  set_param([sys,'/','AREA2/Sum3'],...
		'inputs','-+',...
		'position',[170,185,190,205])

  add_block('built-in/Gain',[sys,'/','AREA2/Gain3'])
  set_param([sys,'/','AREA2/Gain3'],...
		'Gain','ept2*WT',...
		'position',[240,182,265,208])

  add_block('built-in/Sum',[sys,'/','AREA2/Sum'])
  set_param([sys,'/','AREA2/Sum'],...
		'inputs','+-',...
		'position',[290,205,310,225])

  add_block('built-in/Integrator',[sys,'/','AREA2/Integrator1'])
  set_param([sys,'/','AREA2/Integrator1'],...
		'position',[330,205,350,225])

  add_block('built-in/Saturation',[sys,'/','AREA2/Saturation3'])
  set_param([sys,'/','AREA2/Saturation3'],...
		'Lower Limit','-8',...
		'Upper Limit','8',...
		'position',[440,268,470,292])

  add_block('built-in/Saturation',[sys,'/','AREA2/Saturation2'])
  set_param([sys,'/','AREA2/Saturation2'],...
		'Lower Limit','-2',...
		'Upper Limit','2',...
		'position',[440,203,470,227])


  %	Subsystem  ['AREA2/Regolazione',13,'primaria'].

  new_system([sys,'/',['AREA2/Regolazione',13,'primaria']])
  set_param([sys,'/',['AREA2/Regolazione',13,'primaria']],'Location',[0,38,6
24,436])

  add_block('built-
in/Inport',[sys,'/',['AREA2/Regolazione',13,'primaria/Df']])
  set_param([sys,'/',['AREA2/Regolazione',13,'primaria/Df']],...
		'Port','2',...
		'position',[130,285,150,305])

  add_block('built-
in/Inport',[sys,'/',['AREA2/Regolazione',13,'primaria/DFrif1']])
  set_param([sys,'/',['AREA2/Regolazione',13,'primaria/DFrif1']],...
		'position',[130,240,150,260])
```

```
 add_block('built-
in/Inport',[sys,'/',['AREA2/Regolazione',13,'primaria/DPrif1']])
 set_param([sys,'/',['AREA2/Regolazione',13,'primaria/DPrif1']],...
        'orientation',2,...
        'Port','3',...
        'position',[470,145,490,165])

 add_block('built-
in/Gain',[sys,'/',['AREA2/Regolazione',13,'primaria/Gain2']])
 set_param([sys,'/',['AREA2/Regolazione',13,'primaria/Gain2']],...
        'Gain','ep4',...
        'position',[215,262,240,288])

 add_block('built-
in/Sum',[sys,'/',['AREA2/Regolazione',13,'primaria/Sum']])
 set_param([sys,'/',['AREA2/Regolazione',13,'primaria/Sum']],...
        'inputs','+-',...
        'position',[170,265,190,285])

 add_block('built-
in/Gain',[sys,'/',['AREA2/Regolazione',13,'primaria/Gain3']])
 set_param([sys,'/',['AREA2/Regolazione',13,'primaria/Gain3']],...
        'Gain','ep4',...
        'Mask Display','',...
        'position',[350,67,375,93])

 add_block('built-
in/Sum',[sys,'/',['AREA2/Regolazione',13,'primaria/Sum3']])
 set_param([sys,'/',['AREA2/Regolazione',13,'primaria/Sum3']],...
        'orientation',2,...
        'inputs','++-',...
        'position',[420,137,440,173])

 add_block('built-in/Zero-
Pole',[sys,'/',['AREA2/Regolazione',13,'primaria/GRP1(s)']])
 set_param([sys,'/',['AREA2/Regolazione',13,'primaria/GRP1(s)']],...
        'orientation',2,...
        'Zeros','[-1/Tp]',...
        'Poles','[0]',...
        'Gain','[kp]',...
        'position',[335,137,380,173])

 add_block('built-in/Zero-
Pole',[sys,'/',['AREA2/Regolazione',13,'primaria/GF1(s)']])
 set_param([sys,'/',['AREA2/Regolazione',13,'primaria/GF1(s)']],...
        'Zeros','[-1/T2]',...
        'Poles','[-1/T1]',...
        'Gain','[T2/T1]',...
        'position',[320,253,400,287])

 add_block('built-
in/Sum',[sys,'/',['AREA2/Regolazione',13,'primaria/Sum2']])
 set_param([sys,'/',['AREA2/Regolazione',13,'primaria/Sum2']],...
        'position',[260,260,280,280])

 add_block('built-
in/Outport',[sys,'/',['AREA2/Regolazione',13,'primaria/DPm1']])
 set_param([sys,'/',['AREA2/Regolazione',13,'primaria/DPm1']],...
        'position',[530,260,550,280])
 add_line([sys,'/',['AREA2/Regolazione',13,'primaria']],[380,80;465,80;465
,145;445,145])
 add_line([sys,'/',['AREA2/Regolazione',13,'primaria']],[195,275;195,80;34
5,80])
```

```
 add_line([sys,'/',['AREA2/Regolazione',13,'primaria']],[330,155;235,155;2
35,265;255,265])
 add_line([sys,'/',['AREA2/Regolazione',13,'primaria']],[415,155;385,155])
 add_line([sys,'/',['AREA2/Regolazione',13,'primaria']],[245,275;255,275])
 add_line([sys,'/',['AREA2/Regolazione',13,'primaria']],[285,270;315,270])
 add_line([sys,'/',['AREA2/Regolazione',13,'primaria']],[195,275;210,275])
 add_line([sys,'/',['AREA2/Regolazione',13,'primaria']],[465,155;445,155])
 add_line([sys,'/',['AREA2/Regolazione',13,'primaria']],[155,250;165,270])
 add_line([sys,'/',['AREA2/Regolazione',13,'primaria']],[155,295;165,280])
 add_line([sys,'/',['AREA2/Regolazione',13,'primaria']],[405,270;525,270])
 add_line([sys,'/',['AREA2/Regolazione',13,'primaria']],[405,270;465,270;4
65,165;445,165])

 %    Finished composite block ['AREA2/Regolazione',13,'primaria'].

 set_param([sys,'/',['AREA2/Regolazione',13,'primaria']],...
      'position',[335,389,365,441])

 add_block('built-in/Gain',[sys,'/','AREA2/Gain2'])
 set_param([sys,'/','AREA2/Gain2'],...
      'Gain','0.2',...
      'position',[380,202,405,228])

 add_block('built-in/Sum',[sys,'/','AREA2/Sum2'])
 set_param([sys,'/','AREA2/Sum2'],...
      'position',[395,360,415,380])


 %    Subsystem  ['AREA2/Regolazione ',13,'primaria',13,''].

 new_system([sys,'/',['AREA2/Regolazione ',13,'primaria',13,'']])
 set_param([sys,'/',['AREA2/Regolazione
',13,'primaria',13,'']],'Location',[4,42,628,440])

 add_block('built-in/Outport',[sys,'/',['AREA2/Regolazione
',13,'primaria',13,'/DPm']])
 set_param([sys,'/',['AREA2/Regolazione ',13,'primaria',13,'/DPm']],...
      'position',[485,255,505,275])

 add_block('built-in/Inport',[sys,'/',['AREA2/Regolazione
',13,'primaria',13,'/Df']])
 set_param([sys,'/',['AREA2/Regolazione ',13,'primaria',13,'/Df']],...
      'Port','2',...
      'position',[105,280,125,300])

 add_block('built-in/Inport',[sys,'/',['AREA2/Regolazione
',13,'primaria',13,'/DFrif']])
 set_param([sys,'/',['AREA2/Regolazione ',13,'primaria',13,'/DFrif']],...
      'position',[105,235,125,255])

 add_block('built-in/Inport',[sys,'/',['AREA2/Regolazione
',13,'primaria',13,'/DPrif']])
 set_param([sys,'/',['AREA2/Regolazione ',13,'primaria',13,'/DPrif']],...
      'orientation',2,...
      'Port','3',...
      'position',[445,140,465,160])

 add_block('built-in/Gain',[sys,'/',['AREA2/Regolazione
',13,'primaria',13,'/Gain2']])
 set_param([sys,'/',['AREA2/Regolazione ',13,'primaria',13,'/Gain2']],...
      'Gain','ep3',...
      'position',[190,257,215,283])
```

```
add_block('built-in/Sum',[sys,'/',['AREA2/Regolazione
',13,'primaria',13,'/Sum']])
set_param([sys,'/',['AREA2/Regolazione ',13,'primaria',13,'/Sum']],...
        'inputs','+-',...
        'position',[145,260,165,280])

add_block('built-in/Gain',[sys,'/',['AREA2/Regolazione
',13,'primaria',13,'/Gain3']])
set_param([sys,'/',['AREA2/Regolazione ',13,'primaria',13,'/Gain3']],...
        'Gain','ep3',...
        'position',[325,62,350,88])

add_block('built-in/Sum',[sys,'/',['AREA2/Regolazione
',13,'primaria',13,'/Sum3']])
set_param([sys,'/',['AREA2/Regolazione ',13,'primaria',13,'/Sum3']],...
        'orientation',2,...
        'inputs','++-',...
        'position',[395,132,415,168])

add_block('built-in/Zero-Pole',[sys,'/',['AREA2/Regolazione
',13,'primaria',13,'/GRP(s)']])
set_param([sys,'/',['AREA2/Regolazione ',13,'primaria',13,'/GRP(s)']],...
        'orientation',2,...
        'Zeros','[-1/Tp]',...
        'Poles','[0]',...
        'Gain','[kp]',...
        'position',[310,132,355,168])

add_block('built-in/Zero-Pole',[sys,'/',['AREA2/Regolazione
',13,'primaria',13,'/GF(s)']])
set_param([sys,'/',['AREA2/Regolazione ',13,'primaria',13,'/GF(s)']],...
        'Zeros','[-1/T2]',...
        'Poles','[-1/T1]',...
        'Gain','[T2/T1]',...
        'position',[330,245,405,285])

add_block('built-in/Sum',[sys,'/',['AREA2/Regolazione
',13,'primaria',13,'/Sum2']])
set_param([sys,'/',['AREA2/Regolazione ',13,'primaria',13,'/Sum2']],...
        'position',[235,255,255,275])
add_line([sys,'/',['AREA2/Regolazione
',13,'primaria',13,'']],[410,265;480,265])
add_line([sys,'/',['AREA2/Regolazione
',13,'primaria',13,'']],[355,75;440,75;440,140;420,140])
add_line([sys,'/',['AREA2/Regolazione
',13,'primaria',13,'']],[170,270;170,75;320,75])
add_line([sys,'/',['AREA2/Regolazione
',13,'primaria',13,'']],[305,150;210,150;210,260;230,260])
add_line([sys,'/',['AREA2/Regolazione
',13,'primaria',13,'']],[390,150;360,150])
add_line([sys,'/',['AREA2/Regolazione
',13,'primaria',13,'']],[220,270;230,270])
add_line([sys,'/',['AREA2/Regolazione
',13,'primaria',13,'']],[260,265;325,265])
add_line([sys,'/',['AREA2/Regolazione
',13,'primaria',13,'']],[170,270;185,270])
add_line([sys,'/',['AREA2/Regolazione
',13,'primaria',13,'']],[440,150;420,150])
add_line([sys,'/',['AREA2/Regolazione
',13,'primaria',13,'']],[130,245;140,265])
add_line([sys,'/',['AREA2/Regolazione
',13,'primaria',13,'']],[130,290;140,275])
```

```
 add_line([sys,'/',['AREA2/Regolazione
',13,'primaria',13,'']],[410,265;440,265;440,160;420,160])


 %             Finished    composite    block    ['AREA2/Regolazione
',13,'primaria',13,''].

 set_param([sys,'/',['AREA2/Regolazione ',13,'primaria',13,'']],...
        'position',[335,309,365,361])

 add_block('built-in/Gain',[sys,'/','AREA2/Gain'])
 set_param([sys,'/','AREA2/Gain'],...
        'Gain','0.8',...
        'position',[385,267,410,293])

 add_block('built-in/Sum',[sys,'/','AREA2/Sum1'])
 set_param([sys,'/','AREA2/Sum1'],...
        'inputs','-+',...
        'position',[440,355,460,375])

 add_block('built-in/Inport',[sys,'/','AREA2/in_1'])
 set_param([sys,'/','AREA2/in_1'],...
        'position',[15,105,35,125])

 add_block('built-in/Inport',[sys,'/','AREA2/in_2'])
 set_param([sys,'/','AREA2/in_2'],...
        'Port','2',...
        'position',[15,140,35,160])

 add_block('built-in/Inport',[sys,'/','AREA2/in_3'])
 set_param([sys,'/','AREA2/in_3'],...
        'Port','3',...
        'position',[15,180,35,200])

 add_block('built-in/Inport',[sys,'/','AREA2/in_4'])
 set_param([sys,'/','AREA2/in_4'],...
        'Port','4',...
        'position',[15,215,35,235])

 add_block('built-in/Inport',[sys,'/','AREA2/in_5'])
 set_param([sys,'/','AREA2/in_5'],...
        'Port','5',...
        'position',[15,250,35,270])

 add_block('built-in/Outport',[sys,'/','AREA2/out_1'])
 set_param([sys,'/','AREA2/out_1'],...
        'position',[510,355,530,375])

 add_block('built-in/Gain',[sys,'/','AREA2/Gain4'])
 set_param([sys,'/','AREA2/Gain4'],...
        'Gain','ept2*WT',...
        'position',[115,137,140,163])


 %    Subsystem  'AREA2/GN2'.

 new_system([sys,'/','AREA2/GN2'])
 set_param([sys,'/','AREA2/GN2'],'Location',[85,42,620,427])

 add_block('built-in/Integrator',[sys,'/','AREA2/GN2/Integrator2'])
 set_param([sys,'/','AREA2/GN2/Integrator2'],...
        'position',[340,220,360,250])
```

```
add_block('built-in/Gain',[sys,'/','AREA2/GN2/Gain1'])
set_param([sys,'/','AREA2/GN2/Gain1'],...
	'Gain','fn/((pn3+pn4)*TA)',...
	'position',[290,220,320,250])

add_block('built-in/Sum',[sys,'/','AREA2/GN2/Sum3'])
set_param([sys,'/','AREA2/GN2/Sum3'],...
	'inputs','-+',...
	'position',[445,170,465,190])

add_block('built-in/Integrator',[sys,'/','AREA2/GN2/Integrator1'])
set_param([sys,'/','AREA2/GN2/Integrator1'],...
	'position',[325,162,345,188])

add_block('built-in/Gain',[sys,'/','AREA2/GN2/Gain'])
set_param([sys,'/','AREA2/GN2/Gain'],...
	'Gain','fn/((pn3+pn4)*TA)',...
	'position',[275,162,300,188])


%	Subsystem  ['AREA2/GN2/G''F21'].

new_system([sys,'/',['AREA2/GN2/G''F21']])
set_param([sys,'/',['AREA2/GN2/G''F21']],'Location',[115,42,485,447])

add_block('built-in/Sum',[sys,'/',['AREA2/GN2/G''F21/Sum3']])
set_param([sys,'/',['AREA2/GN2/G''F21/Sum3']],...
	'orientation',2,...
	'inputs','+-',...
	'position',[280,145,300,165])

add_block('built-in/Zero-Pole',[sys,'/',['AREA2/GN2/G''F21/GRP(s)']])
set_param([sys,'/',['AREA2/GN2/G''F21/GRP(s)']],...
	'orientation',2,...
	'Zeros','[-1/Tp]',...
	'Poles','[0]',...
	'Gain','[kp]',...
	'position',[160,131,250,179])

add_block('built-in/Sum',[sys,'/',['AREA2/GN2/G''F21/Sum2']])
set_param([sys,'/',['AREA2/GN2/G''F21/Sum2']],...
	'position',[130,260,150,280])

add_block('built-in/Zero-Pole',[sys,'/',['AREA2/GN2/G''F21/GF(s)']])
set_param([sys,'/',['AREA2/GN2/G''F21/GF(s)']],...
	'Zeros','[-1/T2]',...
	'Poles','[-1/T1]',...
	'Gain','[T2/T1]',...
	'position',[225,250,300,290])

add_block('built-in/Gain',[sys,'/',['AREA2/GN2/G''F21/Gain3']])
set_param([sys,'/',['AREA2/GN2/G''F21/Gain3']],...
	'Gain','ep3',...
	'position',[220,67,245,93])

add_block('built-in/Gain',[sys,'/',['AREA2/GN2/G''F21/Gain2']])
set_param([sys,'/',['AREA2/GN2/G''F21/Gain2']],...
	'Gain','ep3',...
	'position',[85,262,110,288])

add_block('built-in/Outport',[sys,'/',['AREA2/GN2/G''F21/out_1']])
set_param([sys,'/',['AREA2/GN2/G''F21/out_1']],...
	'position',[355,260,375,280])
```

```
add_block('built-in/Inport',[sys,'/',['AREA2/GN2/G''F21/in_1']])
set_param([sys,'/',['AREA2/GN2/G''F21/in_1']],...
        'position',[35,265,55,285])
add_line([sys,'/',['AREA2/GN2/G''F21']],[60,275;80,275])
add_line([sys,'/',['AREA2/GN2/G''F21']],[60,275;65,80;215,80])
add_line([sys,'/',['AREA2/GN2/G''F21']],[305,270;325,270;325,160;305,1
60])
add_line([sys,'/',['AREA2/GN2/G''F21']],[250,80;325,80;325,150;305,150]
)
add_line([sys,'/',['AREA2/GN2/G''F21']],[155,270;220,270])
add_line([sys,'/',['AREA2/GN2/G''F21']],[115,275;125,275])
add_line([sys,'/',['AREA2/GN2/G''F21']],[275,155;255,155])
add_line([sys,'/',['AREA2/GN2/G''F21']],[155,155;105,155;105,265;125,2
65])
add_line([sys,'/',['AREA2/GN2/G''F21']],[305,270;350,270])


%     Finished composite block ['AREA2/GN2/G''F21'].

set_param([sys,'/',['AREA2/GN2/G''F21']],...
        'position',[110,115,140,165])


%     Subsystem  ['AREA2/GN2/G''F22'].

new_system([sys,'/',['AREA2/GN2/G''F22']])
set_param([sys,'/',['AREA2/GN2/G''F22']],'Location',[115,43,485,447])

add_block('built-in/Sum',[sys,'/',['AREA2/GN2/G''F22/Sum3']])
set_param([sys,'/',['AREA2/GN2/G''F22/Sum3']],...
        'orientation',2,...
        'inputs','+-',...
        'position',[280,145,300,165])

add_block('built-in/Zero-Pole',[sys,'/',['AREA2/GN2/G''F22/GRP(s)']])
set_param([sys,'/',['AREA2/GN2/G''F22/GRP(s)']],...
        'orientation',2,...
        'Zeros','[-1/Tp]',...
        'Poles','[0]',...
        'Gain','[kp]',...
        'position',[160,131,250,179])

add_block('built-in/Sum',[sys,'/',['AREA2/GN2/G''F22/Sum2']])
set_param([sys,'/',['AREA2/GN2/G''F22/Sum2']],...
        'position',[130,260,150,280])

add_block('built-in/Zero-Pole',[sys,'/',['AREA2/GN2/G''F22/GF(s)']])
set_param([sys,'/',['AREA2/GN2/G''F22/GF(s)']],...
        'Zeros','[-1/T2]',...
        'Poles','[-1/T1]',...
        'Gain','[T2/T1]',...
        'position',[225,250,300,290])

add_block('built-in/Gain',[sys,'/',['AREA2/GN2/G''F22/Gain3']])
set_param([sys,'/',['AREA2/GN2/G''F22/Gain3']],...
        'Gain','ep4',...
        'position',[220,67,245,93])

add_block('built-in/Gain',[sys,'/',['AREA2/GN2/G''F22/Gain2']])
set_param([sys,'/',['AREA2/GN2/G''F22/Gain2']],...
        'Gain','ep4',...
        'position',[85,262,110,288])
```

```
add_block('built-in/Outport',[sys,'/',['AREA2/GN2/G''F22/out_1']])
set_param([sys,'/',['AREA2/GN2/G''F22/out_1']],...
      'position',[355,260,375,280])

add_block('built-in/Inport',[sys,'/',['AREA2/GN2/G''F22/in_1']])
set_param([sys,'/',['AREA2/GN2/G''F22/in_1']],...
      'position',[35,265,55,285])
add_line([sys,'/',['AREA2/GN2/G''F22']],[60,275;80,275])
add_line([sys,'/',['AREA2/GN2/G''F22']],[60,275;65,80;215,80])
add_line([sys,'/',['AREA2/GN2/G''F22']],[305,270;325,270;325,160;305,1
60])
add_line([sys,'/',['AREA2/GN2/G''F22']],[250,80;325,80;325,150;305,150]
)
add_line([sys,'/',['AREA2/GN2/G''F22']],[155,270;220,270])
add_line([sys,'/',['AREA2/GN2/G''F22']],[115,275;125,275])
add_line([sys,'/',['AREA2/GN2/G''F22']],[275,155;255,155])
add_line([sys,'/',['AREA2/GN2/G''F22']],[155,155;105,155;105,265;125,2
65])
add_line([sys,'/',['AREA2/GN2/G''F22']],[305,270;350,270])


%     Finished composite block ['AREA2/GN2/G''F22'].

set_param([sys,'/',['AREA2/GN2/G''F22']],...
      'position',[110,180,140,230])

add_block('built-in/Sum',[sys,'/','AREA2/GN2/Sum2'])
set_param([sys,'/','AREA2/GN2/Sum2'],...
      'position',[210,165,230,185])

add_block('built-in/Outport',[sys,'/','AREA2/GN2/out_1'])
set_param([sys,'/','AREA2/GN2/out_1'],...
      'position',[520,170,540,190])

add_block('built-in/Inport',[sys,'/','AREA2/GN2/in_1'])
set_param([sys,'/','AREA2/GN2/in_1'],...
      'position',[15,335,35,355])
add_line([sys,'/','AREA2/GN2'],[470,180;515,180])
add_line([sys,'/','AREA2/GN2'],[500,180;500,65;60,65;60,205;105,205])
add_line([sys,'/','AREA2/GN2'],[60,140;105,140])
add_line([sys,'/','AREA2/GN2'],[365,235;395,235;395,185;440,185])
add_line([sys,'/','AREA2/GN2'],[325,235;335,235])
add_line([sys,'/','AREA2/GN2'],[350,175;440,175])
add_line([sys,'/','AREA2/GN2'],[305,175;320,175])
add_line([sys,'/','AREA2/GN2'],[235,175;270,175])
add_line([sys,'/','AREA2/GN2'],[145,205;195,205;205,180])
add_line([sys,'/','AREA2/GN2'],[145,140;195,140;205,170])
add_line([sys,'/','AREA2/GN2'],[40,345;140,345;250,235;285,235])


%     Finished composite block 'AREA2/GN2'.

set_param([sys,'/','AREA2/GN2'],...
      'position',[190,125,220,175])
add_line([sys,'/','AREA2'],[40,190;85,190;85,400;330,400])
add_line([sys,'/','AREA2'],[270,195;270,210;285,210])
add_line([sys,'/','AREA2'],[40,225;135,225;135,335;330,335])
add_line([sys,'/','AREA2'],[245,335;245,415;330,415])
add_line([sys,'/','AREA2'],[355,215;375,215])
add_line([sys,'/','AREA2'],[365,215;365,280;380,280])
add_line([sys,'/','AREA2'],[315,215;325,215])
```

```
 add_line([sys,'/','AREA2'],[475,280;485,280;485,305;285,305;285,430;33
0,430])
 add_line([sys,'/','AREA2'],[475,215;485,215;485,255;305,255;305,350;33
0,350])
 add_line([sys,'/','AREA2'],[415,280;435,280])
 add_line([sys,'/','AREA2'],[410,215;435,215])
 add_line([sys,'/','AREA2'],[195,195;235,195])
 add_line([sys,'/','AREA2'],[370,415;375,415;375,375;390,375])
 add_line([sys,'/','AREA2'],[420,370;435,370])
 add_line([sys,'/','AREA2'],[370,335;375,335;375,365;390,365])
 add_line([sys,'/','AREA2'],[40,115;90,115;90,200;165,200])
 add_line([sys,'/','AREA2'],[40,260;420,260;420,360;435,360])
 add_line([sys,'/','AREA2'],[465,365;505,365])
 add_line([sys,'/','AREA2'],[135,225;135,190;165,190])
 add_line([sys,'/','AREA2'],[40,150;110,150])
 add_line([sys,'/','AREA2'],[85,320;330,320])
 add_line([sys,'/','AREA2'],[145,150;185,150])
 add_line([sys,'/','AREA2'],[225,150;225,220;285,220])


 %     Finished composite block 'AREA2'.

 set_param([sys,'/','AREA2'],...
        'position',[200,327,230,383])

 add_block('built-in/Note',[sys,'/','                    DPM1-DPe1'])
 set_param([sys,'/','                    DPM1-DPe1'],...
        'position',[255,245,260,250])


 %     Subsystem  ['DF',13,''].

 new_system([sys,'/',['DF',13,'']])
 set_param([sys,'/',['DF',13,'']],'Location',[0,59,274,252])

 add_block('built-in/Inport',[sys,'/',['DF',13,'/x']])
 set_param([sys,'/',['DF',13,'/x']],...
        'position',[65,55,85,75])

 add_block('built-in/S-Function',[sys,'/',['DF',13,'/S-function',13,'M-file
which plots',13,'lines',13,'']])
 set_param([sys,'/',['DF',13,'/S-function',13,'M-file                which
plots',13,'lines',13,'']],...
        'function name','sfuny',...
        'parameters','ax, color,dt',...
        'position',[130,55,180,75])
 add_line([sys,'/',['DF',13,'']],[90,65;125,65])
 set_param([sys,'/',['DF',13,'']],...
        'Mask
Display','plot(0,0,100,100,[90,10,10,10,90,90,10],[65,65,90,40,40,90,90],[
90,78,69,54,40,31,25,10],[77,60,48,46,56,75,81,84])',...
        'Mask Type','Graph scope.')
 set_param([sys,'/',['DF',13,'']],...
        'Mask Dialogue','Graph scope using MATLAB graph window.\nEnter
plotting ranges and line type.|Time range:|y-min:|y-max:|Line type (rgbw-
:*). Seperate each plot by ''/'':')
 set_param([sys,'/',['DF',13,'']],...
        'Mask Translate','color = @4; ax = [0, @1, @2, @3]; dt = -1;')
 set_param([sys,'/',['DF',13,'']],...
        'Mask Help','This block plots to the MATLAB graph window and can
be used as an improved version of the Scope block. Look at the m-file
sfuny.m to see how it works. This block can take scalar or vector input
signal.')
```

```
set_param([sys,'/',['DF',13,'']],...
        'Mask Entries','500\/-0.5\/0.2\/''y-/g--/c-./w:/m*/ro/b+''\/')


%       Finished composite block ['DF',13,''].

set_param([sys,'/',['DF',13,'']],...
        'position',[525,271,555,309])
add_line(sys,[90,245;195,245])
add_line(sys,[90,210;165,210;165,225;195,225])
add_line(sys,[90,420;165,420;165,375;195,375])
add_line(sys,[90,385;145,385;145,355;195,355])
add_line(sys,[235,225;250,225;250,280;275,280])
add_line(sys,[235,355;245,355;245,295;275,295])
add_line(sys,[310,290;335,290])
add_line(sys,[370,290;415,290])
add_line(sys,[310,290;320,290;320,150;295,150])
add_line(sys,[255,150;235,150])
add_line(sys,[250,225;250,160;235,160])
add_line(sys,[260,430;235,430])
add_line(sys,[320,290;320,430;300,430])
add_line(sys,[460,290;520,290])
add_line(sys,[505,290;505,400;175,400;175,365;195,365])
add_line(sys,[175,370;170,370;170,235;195,235])
add_line(sys,[200,155;185,155;185,190;395,190])
add_line(sys,[200,425;180,425;180,465;370,465;370,200;395,200])
add_line(sys,[435,195;520,195])
add_line(sys,[185,190;195,215])
add_line(sys,[90,170;135,170;135,205;195,205])
add_line(sys,[90,350;135,350;135,335;195,335])
add_line(sys,[180,435;155,435;155,345;195,345])
add_line(sys,[245,355;235,420])

drawnow

% Return any arguments.
if (nargin | nargout)
   % Must use feval here to access system in memory
   if (nargin > 3)
      if (flag == 0)
         eval(['[ret,x0,str,ts,xts]=',sys,'(t,x,u,flag);'])
      else
         eval(['ret =', sys,'(t,x,u,flag);'])
      end
   else
      [ret,x0,str,ts,xts] = feval(sys);
   end
else
   drawnow % Flash up the model and execute load callback
end
```

Appunti ed osservazioni

BIBLIOGRAFIA

[1] **Trasmissione e distribuzione dell'energia elettrica**
Noverino Faletti, Paolo Chizzolini
Patron Editore, Bologna, 1987

[2] **Computer analysis of power systems**
J. Arrilaga, C.P. Arnold
Jon Wiley, Chichester, 1994

[3] **Sistemi elettrici per l'energia: analisi e controllo**
F. Saccomanno
UTET, Torino, 1992

[4] **Guida operativa a MATLAB, SIMULINK e Control Toolbox**
F. Cavallo, R. Setola, F. Vasca
Liguori Editore, Napoli, 1995

[5] **La nuova guida a MATLAB, SIMULINK e Control Toolbox**
F. Cavallo, R. Setola, F. Vasca
Liguori Editore, Napoli, 2002

[6] **MATLAB 6 per l'ingegneria e le scienze**
W. J. Palm III
McGraw-Hill, 2001

Questa pagina è stata lasciata intenzionalmente bianca

LINKS UTILI

GRTN, Gestore della Rete di Trasmissione Nazionale
www.grtn.it

TERNA, Trasmissione e Rete Nazionale
www.terna.it

AEI, Associazione Elettrotecnica Italiana
www.aei.it

CEI, Comitato Elettrotecnico Italiano
www.ceiuni.it

Politecnico di Bari, Dipartimento di Ingegneria Elettrotecnica ed Elettronica
www-dee.poliba.it

Politecnico di Milano, Dipartimento di Elettrotecnica
www.etec.polimi.it

Politecnico di Torino, Dipartimento di Ingegneria Elettrica
www.polito.it/ricerca/dipartimenti/delet

Università di Bologna, Dipartimento di Ingegneria Elettrica
www.die.unibo.it

Università di Cagliari, Dipartimento di Ingegneria Elettrica ed Elettronica
www.diee.unica.it

Università di Cassino, Dipartimento di Ingegneria Industriale
dii.ing.unicas.it

Università di Catania, Dipartimento di Ingegneria Elettrica, Elettronica e dei Sistemi
www.dees.unict.it

Università "Federico II" di Napoli, Dipartimento di Ingegneria Elettrica
www.diel.unina.it

Università di Genova, Dipartimento di Ingegneria Elettrica
www.die.unige.it

Università de L'Aquila, Dipartimento di Ingegneria Elettrica e dell'Informazione
www.diel.univaq.it

Università "La Sapienza" di Roma, Dipartimento di Ingegneria Elettrica
elettrica.ing.uniroma1.it

Università di Padova, Dipartimento di Ingegneria Elettrica
www.die.unipd.it

Università di Palermo, Dipartimento di Ingegneria Elettrica, Elettronica e delle Telecomunicazioni
www.dieet.unipa.it

Università di Pavia, Dipartimento di Ingegneria Elettrica
www.unipv.it/electric/dipartimento.html

Università di Salerno, Dipartimento di Ingegneria dell'Informazione ed Elettrica
www.diiie.unisa.it

Università di Udine, Dipartimento di Ingegneria Elettrica, Gestionale e Meccanica
www.diegm.uniud.it

www.ingramcontent.com/pod-product-compliance
Lightning Source LLC
Chambersburg PA
CBHW021921170526
45157CB00005B/2120
9781430325369